대학기초수학

이선홍 지음

KM 경문사

머리말

수학은 자체로서 흥미로운 학문이며 자연과학이나 사회과학의 토대도 제공해주므로 그 중요성을 강조하는데 지나침이 없다. 특히나, 현대의 첨단정보산업시대에서 수학의 논리성과 체계성을 학습함은 매우 필수적이다.

학생들이 고등학교에서는 문과와 이과로 나뉘어 공부하지만 대학 진학에서는 교차지원이 폭넓게 이루어져, 고등학교에서 충분히 수학을 공부하지 못하고 대학에 진학하여 대학미분적분학 공부에 어려움을 느끼는 학생이 매우 많다. 이 책은 그런 학생이 기본적인 수학이론을 쉽게 습득하여 대학미분적분학을 공부할 준비를 갖추게 하는데 목적이 있다.

이 책은 모두 7장으로 구성되어 있다. 이론적인 내용은 간결하고 명확히 정리하려 했고 다양한 예제와 연습문제를 포함하여 학생이 다양하게 문제해결을 하려 했다. 제1장에서는 논리와 집합을 다룬다. 논리 부분에서는 전칭명제와 존재명제를 명확히 정의하고 조건문을 자세히 다루고, 집합의 기본적인 성질을 다룬다. 제2장에서는 실수의 기본적인 성질을 다루고, 함수에 대한 기본 이론을 다룬다. 제3장에서는 각에 대하여 탐구하고 각의 크기에 대한 함수인 삼각함수를 정의하고, 이에 대한 여러 공식들을 살펴본다. 제4장에서는 실수의 거듭제곱에 대하여 알아보고, 이에 대한 지수함수와 로그함수를 살펴본다. 제5장에서는 기본적인 수열에 대하여 알아보고, 수열의 수렴에 대하여 탐구한다. 또한 여러 무한급수를 살펴본다. 제6장에서는 함수의 미분법에 대하여 알아본다. 이를 위하여 함수의 극한에 대하여 알아보고, 점에서의 함수의 미분계수와 함수의 미분법과 그 응용에 대하여 알아본다. 제7장에서는 함수의 적분의 의미와 적분방법에 대하여 알아본다.

끝으로 이 책의 출판을 쾌히 승낙해주신 경문사에 감사드리며 세심히 교정을 해준 편집부에 고마움을 전한다.

2020년 12월
가좌캠퍼스에서 지은이 씀

차 례

제 1 장

논리와 집합

이 장에서는 명제와 집합에 대한 기본적인 내용을 다룬다. 논리와 집합과 함수는 수학을 구성하는 기본요소이다. 집합은 수학에서 탐구하려는 대상이고 논리는 명제를 탐구하는 방법이다. 논리는 이미 기원전 300년경 고대 그리스 시대에 정립된 반면에, 집합은 1900년경에서야 독일의 수학자 칸토어가 구체화한다. 이런 역사적인 원인으로, 집합을 포함하여 나타내는 명제인 한정명제를 명확히 나타내지 못한 수학책이 많다. 이 장에서는 이런 한정명제도 명확히 나타내며 기본적인 논리이론과 집합이론을 소개한다.

1.1 명제와 집합의 정의

이 절에서는 명제와 집합을 정의한다.

'1은 2보다 크다'는 거짓인 문장이지만 '7은 가장 중요한 자연수이다'는 참인지 거짓인지 판별할 수 없는 문장이다. 이와 같이, 문장이나 식 중에는 참인지 거짓인지를 판별할 수 있는 것과 그렇지 않은 것이 있다. 참인지 거짓인지를 판별할 수 있는 문장이나 식을 **명제**라고 한다. 명제는 참이면서 동시에 거짓일 수는 없다.

명제의 **참**과 **거짓**을 그 명제의 **진릿값**이라고 하며, 참을 T로[1] 거짓을 F로[2] 표시한다.

예제 1.1. 다음이 명제인지를 판별하고 명제이면 진릿값을 구하여라.

(가) $1+2=4$, (나) $x+1=3$,
(다) $3<4$, (라) $x<1$.

풀이. (가) 식 $1+2=4$는 거짓인 명제이다.
(나) 식 $x+1=3$는 참인지 거짓인지 판별할 수 없으므로 명제가 아니다.
(다) 식 $3<4$는 참인 명제이다.
(라) 식 $x<1$는 참인지 거짓인지 판별할 수 없으므로 명제가 아니다. □

큰 자연수들의 모임은 구성원을 명확히 규정할 수 없지만, 4보다 작은 자연수들의 모임은 $1,2,3$이 모임의 모든 구성원임을 알 수 있다. 구성원이 명확한 모임을 **집합**이라고 하고, 구성원을 집합의 **원소**라고 한다. 보통 집합을 대문자 A,B,C 등으로 나타내고, 원소를 소문자 a,b,c 등으로 나타낸다.

원소 a가 집합 A의 원소임을 '$a \in A$'로 나타내고 'a는 집합 A에 속한다'라고 읽고, 그렇지 않음을 '$a \notin A$'로 나타내고 'a는 집합 A에 속하지 않는다'라고 읽는다.

보기 1.1. 집합 $A=\{1,2,3\}$에 대하여, $1 \in A$이고 $4 \notin A$이다.

집합 A의 원소들이 $1,2,3$ 뿐일 때,

$$A=\{1,2,3\}$$

와 같이 원소를 나열하여 집합 A를 나타내는 방법을 **원소나열법**이라고 한다.

[1]T는 영어단어 true를 나타낸다.
[2]F는 영어단어 false를 나타낸다.

집합이나 원소에 대하여 이론을 전개할 때는, 일반적으로 고정된 커다란 집합의 원소로 한정한다. 이때의 커다란 집합을 **전체집합**이라고 한다. 정수 전체의 집합, 유리수 전체의 집합, 또는 실수 전체의 집합 등이 전체집합일 수 있다. 문단상 전체집합이 명확할 때, 전체집합을 특별히 나타내지 않기도 한다.

벤 다이어그램은 집합을 그림으로 나타내는 방법이다. 그림 1.1에서와 같이, 벤 다이어그램에서는 전체집합을 직사각형으로 나타내고, 다른 집합을 직사각형 안의 원으로 나타낸다. 벤 다이어그램을 사용하면 집합의 관계를 쉽게 파악할 수 있다.

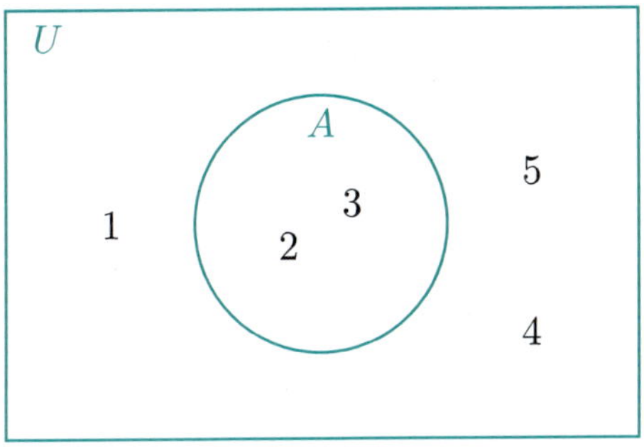

그림 1.1 벤 다이어그램

보기 1.2. 전체집합 $U = \{1, 2, 3, 4, 5\}$와 집합 $A = \{2, 3\}$를 그림 1.1와 같이 벤 다이어그램으로 나타낼 수 있다.

연습문제 1.1

1. 다음 식이 명제인지 아닌지 판별하여라.

(가) $1 + 2 = 4$, (나) $2 < 4$,

(다) $2 < x$, (라) $3 + 4$,

(마) $2 + x = 3$, (바) $\{2, 3, 4, 5\}$.

1.2 조건

이 절에서는 조건을 정의하고 조건제시법과 한정명제에 대하여 알아본다.

식 $1+2=3$는 명제이지만 $1+x=3$는 명제가 아니다. 식 $1+x=3$와 같이 변수 x를 포함하는 식은 매우 자주 사용되므로 다음을 정의한다.

정의 1.1: 집합에서 변수에 대한 조건

집합 A와 변수 x를 포함하는 문장이나 식 $p(x)$에 대하여, 변수 x에 집합 A의 임의의 원소 a가 대입될 때 $p(a)$가 항상 명제이면 $p(x)$는 A에서 x에 대한 **조건**이라고 한다.

$p(x)$가 집합 A에서 x에 대한 조건일 때, 집합 A의 원소 a에 대하여 $p(a)$는 명제이다. 이때 $p(a)$는 참일 수도 있고 거짓일 수도 있다.

예제 1.2. 집합 $A=\{1,2,3\}$에 대하여, 다음이 집합 A에서 x에 대한 조건인지 아닌지 판별하여라.

(가) $1+x$,　　(나) $x<3$,

(다) $2+x=4$,　　(라) x^2+1.

풀이. (가) 집합 A의 원소 1에 대하여 $1+1$은 명제가 아니므로, $1+x$는 집합 A에서 x에 대한 조건이 아니다.

(나) $x<3$에서 x 대신에 A의 원소 $1,2,3$을 각각 대입하면, $x<3$은 각각

$$1<3, \quad 2<3, \quad 3<3$$

이고, 이들은 각각 참, 참, 거짓인 명제이다. 따라서 $x<3$은 집합 A에서 x에 대한 조건이다.

(다) $2+x=4$에서 x 대신에 A의 원소 $1,2,3$을 각각 대입하면, $2+x=4$는 각각

$$2+1=3, \quad 2+2=4, \quad 2+3=4$$

이고 이들은 각각 거짓, 참, 거짓인 명제이다. 따라서 $2+x=4$는 집합 A에서 x에 대한 조건이다.

(라) 집합 A의 원소 1에 대하여 1^2+1은 명제가 아니므로, x^2+1은 집합 A에서 x에 대한 조건이 아니다. □

조건을 이용하여 다음과 같이 매우 중요한 일을 할 수 있다.

(가) 집합의 구성: 조건을 이용하여 집합을 나타낼 수 있다.

(나) 명제의 구성: 논리에서 아주 중요한 명제인 전칭명제와 존재명제를 만든다.

이들에 대하여 알아보자.

1.2.1 조건제시법

전체집합 U에서 x에 대한 조건 $p(x)$에 대하여, $p(x)$가 참인 모든 원소의 집합을

$$\{x \in U \mid p(x)\}$$

와 같이 조건을 이용하여 나타내는 방법을 **조건제시법**이라고 한다.

원소가 없는 집합을 **공집합**이라고 하고 $\emptyset$ 또는 $\{\}$로 나타낸다. 조건제시법을 이용하여 공집합을

$$\emptyset = \{x \in U \mid x \neq x\}$$

와 같이 나타낼 수 있다.

예제 1.3. 자연수 전체의 집합 $\mathbb{N} = \{1, 2, 3, \ldots\}$에 대하여, 다음 집합을 조건제시법으로 나타내어라.

(가) $A = \{3, 4, 5\}$, (나) $B = \{1, 2, 3, 4, 5\}$.

풀이. (가) 전체집합 $\mathbb{N}$에서 조건 $3 \leq x \leq 5$가 참인 원소는 $3, 4, 5$뿐이므로, 집합 A를 조건제시법으로

$$A = \{x \in \mathbb{N} \mid 3 \leq x \leq 5\}$$

와 같이 나타낼 수 있다.

(나) 전체집합 $\mathbb{N}$에서 조건 $x < 6$가 참인 원소는 $1, 2, 3, 4, 5$뿐이므로, 집합 B를 조건제시법으로

$$B = \{x \in \mathbb{N} \mid x < 6\}$$

와 같이 나타낼 수 있다. □

1.2.2 한정명제

조건을 사용하여 전칭명제와 존재명제를 만들 수 있다. 전칭명제와 존재명제는 **한정명제**라고 한다.

조건 $p(x)$에 대한 전칭명제는 다음과 같이 정의한다.

정의 1.2: 전칭명제

집합 A에서 x에 대한 조건 $p(x)$에 대하여, 명제 '모든 $x \in A$에 대해서 $p(x)$가 참이다'는 **전칭명제**라고 하고

$$\forall x \in A,\ p(x)$$

로 나타낸다. 모든 원소 $x \in A$에 대하여 $p(x)$가 항상 참이면 전칭명제 $\forall x \in A,\ p(x)$는 참이고, 그렇지 않으면 전칭명제 $\forall x \in A,\ p(x)$는 거짓이다.

즉, $p(x)$가 거짓인 원소가 집합 A에 하나라도 존재하면 전칭명제 $\forall x \in A,\ p(x)$는 거짓이다.

예제 1.4. 집합 $A = \{1, 2, 3\}$에 대하여, 다음 명제의 진릿값을 판별하여라.

(가) $\forall x \in A,\ 0 < x$, (나) $\forall x \in A,\ 1 < x$.

풀이. (가) 명제 $0 < 1$와 $0 < 2$와 $0 < 3$가 모두 참이므로 전칭명제 $\forall x \in A,\ 0 < x$는 참이다.

(나) 명제 $1 < 1$는 거짓이므로 전칭명제 $\forall x \in A,\ 1 < x$는 거짓이다. □

조건 $p(x)$에 대한 존재명제는 다음과 같이 정의한다.

정의 1.3: 존재명제

집합 A에서 x에 대한 조건 $p(x)$에 대하여, 명제 '$p(x)$가 참인 원소 x가 A에 존재한다'는 **존재명제**라고 하고

$$\exists x \in A,\ p(x)$$

로 나타낸다. $p(x)$가 참인 원소 x가 A에 하나라도 존재하면 존재명제 $\exists x \in A,\ p(x)$는 참이고, 그렇지 않으면 존재명제 $\exists x \in A,\ p(x)$는 거짓이다.

즉, 모든 $x \in A$에 대해서 $p(x)$가 거짓이면 존재명제 $\exists x \in U,\ p(x)$는 거짓이다.

예제 1.5. 집합 $A = \{1, 2, 3\}$에 대하여, 다음 명제의 진릿값을 판별하여라.

(가) $\exists x \in A,\ 2 < x$, (나) $\exists x \in A,\ 3 < x$.

풀이. (가) 명제 $2 < 3$가 참이므로, 존재명제 $\exists x \in A,\ 2 < x$는 참이다.

(나) 명제 $3 < 1$와 $3 < 2$와 $3 < 3$가 모두 거짓이므로, 존재명제 $\exists x \in A,\ 3 < x$는 거짓이다. □

보기 1.3. 자연수 전체의 집합 $\mathbb{N}$의 원소 a와 b에 대하여, $\exists n \in \mathbb{N},\ b = an$이면 a는 b의 약수라고 한다.

명제 $\forall x \in \mathbb{R},\ (\exists y \in \mathbb{R},\ y > x)$와 같이 전칭명제와 존재명제를 연달아 사용하여 명제를 만들 수 있다. 여기 $\exists y \in \mathbb{R},\ y > x$는 x에 대한 조건이다. 왜냐하면 임의의 실수 x에 대하여 $\exists y \in \mathbb{R},\ y > x$는 (존재)명제이기 때문이다.

예제 1.6. 실수 전체의 집합 $\mathbb{R}$에 대하여, 다음 명제의 진릿값을 판별하여라.

(가) $\forall x \in \mathbb{R},\ (\exists y \in \mathbb{R},\ y > x)$, (나) $\exists y \in \mathbb{R},\ (\forall x \in \mathbb{R},\ y > x)$.

풀이. (가) 임의의 실수 x에 대하여, $y = x + 1$로 놓으면 $y > x$이다. 따라서 명제 $\forall x \in \mathbb{R},\ (\exists y \in \mathbb{R},\ y > x)$는 참이다.

(나) 임의의 실수 y에 대하여, $x = y + 1$로 놓으면 $x > y$이다. 따라서 모든 실수 x보다 큰 실수 y는 존재하지 않으므로 명제 $\exists y \in \mathbb{R},\ (\forall x \in \mathbb{R},\ y > x)$는 거짓이다. □

명제 $\forall x \in \mathbb{R},\ (\exists y \in \mathbb{R},\ y > x)$는 참이고 명제 $\exists y \in \mathbb{R},\ (\forall x \in \mathbb{R},\ y > x)$는 거짓이다. 따라서 명제 $\forall x \in \mathbb{R},\ (\exists y \in \mathbb{R},\ y > x)$에서와 같이 모든($\forall$)과 어떤($\exists$)이 연속하여 나와 있는 명제에서 이들의 순서를 함부로 바꾸면 안 된다.

연습문제 1.2

1. 정수 전체의 집합 $\mathbb{Z}$에 대하여, 다음 명제의 진릿값을 구하여라.

(가) $\forall n \in \mathbb{Z},\ 0 < n^2$, (나) $\forall n \in \mathbb{Z},\ (\exists m \in \mathbb{Z},\ n < m < n^2)$,

(다) $\exists n \in \mathbb{Z},\ n^2 = 0$, (라) $\exists n \in \mathbb{Z},\ (\forall m \in \mathbb{Z},\ n < m < n^2)$.

1.3 합성명제와 집합

이 절에서는 주어진 명제를 이용하여 새로운 명제를 만드는 기본적인 방법에 대하여 알아본다. 그러면 새로운 집합을 정의하는 방법이 자연스럽게 따라온다.

1.3.1 명제의 부정과 여집합

명제 p의 부정에 대하여 알아보고, 여집합을 정의하자.

명제 p에 대하여, p의 부정을 다음과 같이 정의한다.

정의 1.4: 명제의 부정

명제 p에 대하여, 명제 'p는 참이 아니다'를 p의 **부정**이라고 하고, $\sim p$로 나타내며 'p가 아니다'라고 읽는다.

명제 $\sim p$의 진릿값은 표 1.1과 같다.

p	$\sim p$
T	F
F	T

표 1.1 명제의 부정에 대한 진리표

명제 p의 부정 $\sim p$가 명제인 것과 같이, 집합 A에서의 조건 $p(x)$의 부정 $\sim p(x)$는 집합 A에서의 조건이다.

전칭명제나 존재명제의 부정에 대하여 생각해 보자. 전칭명제 $\forall x \in A,\ p(x)$의 부정의 진릿값은 존재명제 $\exists x \in A, \sim p(x)$의 진릿값과 같다. 왜냐하면 $\forall x \in A,\ p(x)$이 참이면 $\exists x \in A, \sim p(x)$은 거짓이고, $\forall x \in A,\ p(x)$이 거짓이면 $\exists x \in A, \sim p(x)$은 참이기 때문이다. 같은 이유로, 존재명제 $\exists x \in A,\ p(x)$의 부정의 진릿값은 전칭명제 $\forall x \in A, \sim p(x)$의 진릿값과 같다.

보기 1.4. 실수 전체의 집합 $\mathbb{R}$에 대하여, 전칭명제 $\forall x \in \mathbb{R},\ x^2 \geq 0$는 참이다. 이 명제의 부정 $\sim (\forall x \in \mathbb{R},\ x^2 \geq 0)$의 진릿값은 존재명제 $\exists x \in \mathbb{R},\ x^2 < 0$의 진릿값과 같고 그 진릿값은 거짓이다.

공집합에 대한 전칭명제의 진릿값은 항상 참이다. 즉, 임의의 조건 $p(x)$에 대한 전치명제 $\forall x \in \emptyset,\ p(x)$는 참이다. 왜냐하면 어떠한 조건에 상관없이 공집합에는 원소가 존재하지 않기 때문에 존재명제 $\exists x \in \emptyset, \sim p(x)$는 거짓이다. 그런데 이 명제의 진릿값은 전칭명제 $\forall x \in \emptyset, p(x)$의 부정의 진릿값과 같다. 따라서 전칭명제 $\forall x \in \emptyset, p(x)$는 참이다.

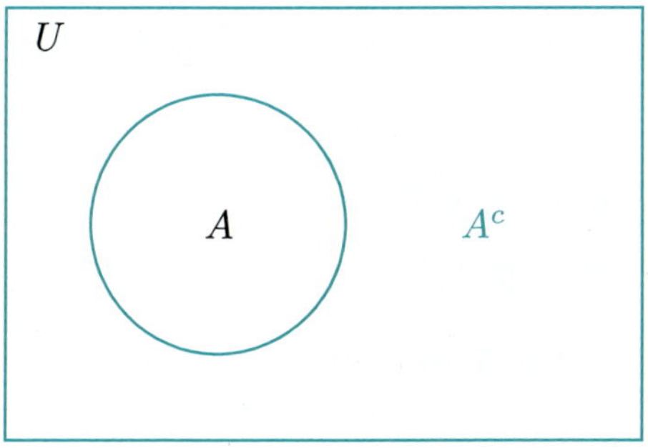

그림 1.2 여집합

명제의 부정을 이용하여 여집합을 정의한다.

정의 1.5: 집합의 여집합

집합 $A = \{x \in U \mid p(x)\}$에 대하여, 집합 $\{x \in U \mid \sim p(x)\}$를 A의 **여집합**이라고 하고 A^c로 나타낸다.

여집합 A^c를 벤 다이어그램으로 나타내면, 그림 1.2와 같다.

보기 1.5. 전체집합 $U = \{1, 2, 3, 4, 5\}$와 집합 $A = \{1, 3, 5\}$에 대하여, 집합 A의 여집합은 $A^c = \{2, 4\}$이다.

1.3.2 논리합과 합집합

논리합과 합집합에 대하여 알아보자.

논리합을 다음과 같이 정의한다.

정의 1.6: 논리의 논리합

명제 p와 q에 대하여, 새로운 명제 'p는 참이거나 q는 참이다'를 p와 q의 **논리합**이라고 하고 $p \vee q$로 나타내며 'p 또는 q'라고 읽는다.

p	q	$p \vee q$
T	T	T
T	F	T
F	T	T
F	F	F

표 1.2 논리합에 대한 진리표

논리합 $p \vee q$의 진릿값은 표 1.2와 같다.

일상생활에서 '또는'이란 연결사를

'영희는 커피를 마시거나 또는 녹차를 마신다'

와 같이 사용한 경우에는, 영희는 커피를 마시거나 또는 영희가 녹차를 마심을 나타내지만, 보통 커피를 마시고 그리고 동시에 녹차를 마시는 경우를 나타내지는 않는다. 그러나 수학에서 쓰이는 '또는'에는 이 연결사 앞과 뒤의 모든 경우가 동시에 일어나는 경우도 포함한다. 그러므로 p와 q가 동시에 참일 경우에도 명제 $p \vee q$는 참이다.

논리합을 이용하여 다음의 집합을 정의한다.

정의 1.7: 집합의 합집합

집합 $A = \{x \in U \mid p(x)\}$와 $B = \{x \in U \mid q(x)\}$에 대하여, 집합

$$\{x \in U \mid p(x) \vee q(x)\}$$

를 A와 B의 **합집합**이라고 하며 $A \cup B$로 나타낸다.

$A \cup B$를 벤 다이어그램으로 나타내면 그림 1.3과 같다.

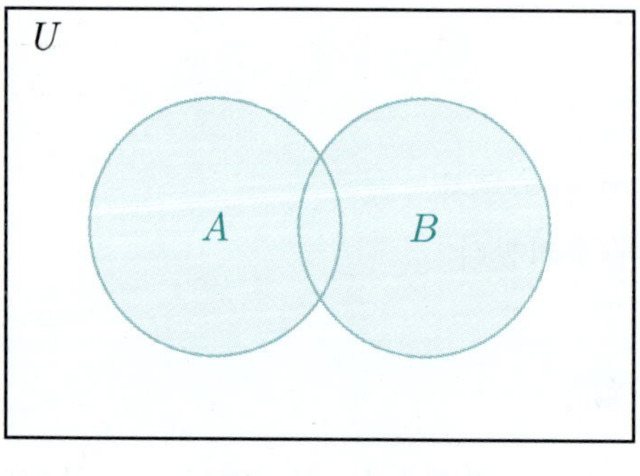

그림 1.3 합집합

1.3.3 논리곱과 교집합

논리곱과 교집합에 대하여 알아보자.

먼저 논리곱을 다음과 같이 정의한다.

정의 1.8: 논리의 논리곱

명제 p와 q에 대하여, 명제 'p가 참이고 q가 참이다'를 p와 q의 **논리곱**이라고 하고 $p \wedge q$로 나타내며 'p 그리고 q'라고 읽는다.

논리곱 $p \wedge q$의 진릿값은 표 1.3과 같다.

p	q	$p \wedge q$
T	T	T
T	F	F
F	T	F
F	F	F

표 1.3 논리곱에 대한 진리표

논리곱을 이용하여 교집합을 정의할 수 있다.

정의 1.9: 집합의 교집합

집합 $A = \{x \in U \mid p(x)\}$와 $B = \{x \in U \mid q(x)\}$에 대하여, 집합

$$\{x \in U \mid p(x) \wedge q(x)\}$$

를 집합 A와 B의 **교집합**이라고 하며 $A \cap B$로 나타낸다.

교집합 $A \cap B$를 벤 다이어그램으로 그림 1.4와 같이 나타낸다.

예제 1.7. 전체집합 $U = \{1, 2, 3, 4\}$에서 $A = \{1, 2\}$이고 $B = \{2, 3\}$일 때,

$$A \cup B, \qquad A \cap B, \qquad A^c, \qquad B^c$$

를 구하여라.

풀이. $A \cup B = \{1, 2, 3\}$, $A \cap B = \{2\}$, $A^c = \{3, 4\}$, $B^c = \{1, 4\}$ □

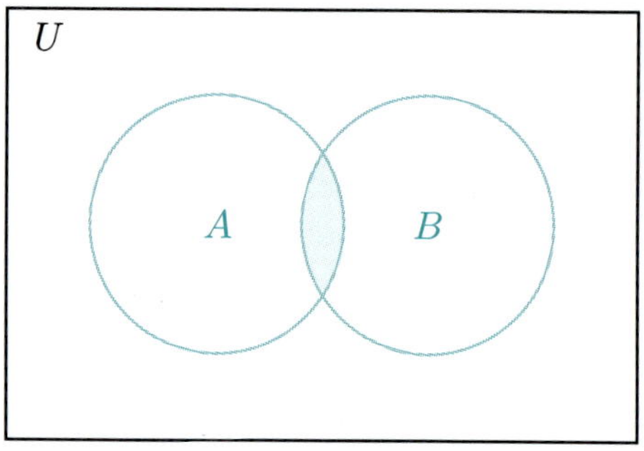

그림 1.4 교집합

예제 1.8. 전체집합이 모든 실수들의 집합 $\mathbb{R}$일 때, 집합

$$A = \{x \in \mathbb{R} \mid -3 < x \le 4\}, \qquad B = \{x \in \mathbb{R} \mid 0 \le x < 6\}$$

에 대하여 $A \cup B$와 $A \cap B$를 구하여라.

풀이. $A \cup B = \{x \in \mathbb{R} \mid -3 < x < 6\}, \qquad A \cap B = \{x \in \mathbb{R} \mid 0 \le x \le 4\}$ □

집합 A와 B에 대하여, $A \cap B = \emptyset$이면 A와 B는 **서로소**라고 한다.

보기 1.6. 전체집합 $U = \{1, 2, 3, 4\}$에서 $A = \{1, 2\}$이고 $B = \{3\}$일 때, $A \cap B = \emptyset$이므로 A와 B는 서로소이다.

집합 U의 원소의 개수가 유한할 때, 즉 $U = \{a_1, a_2, \ldots, a_n\}$일 때, 한정명제를 논리합과 논리곱을 이용하여 나타낼 수 있다. 즉, $p(x)$가 집합 U에서 x에 대한 조건이면, 전칭명제 $\forall x \in U,\ p(x)$의 진릿값은 명제

$$p(a_1) \wedge p(a_2) \wedge \cdots \wedge p(a_n)$$

의 진릿값과 같고, 존재명제 $\exists x \in U,\ p(x)$의 진릿값은 명제

$$p(a_1) \vee p(a_2) \vee \cdots \vee p(a_n)$$

의 진릿값과 같다.

보기 1.7. 전체집합 $U = \{1, 2, 3, 4\}$에서, 전칭명제 $\forall x \in U, 0 < x$의 진릿값은

$$(0 < 1) \wedge (0 < 2) \wedge (0 < 3) \wedge (0 < 4)$$

의 진릿값과 같다. 이때의 진릿값은 참이다. 그리고 존재명제 $\exists x \in U, 4 < x$의 진릿값은

$$(4 < 1) \vee (4 < 2) \vee (4 < 3) \vee (4 < 4)$$

의 진릿값과 같다. 이때의 진릿값은 거짓이다.

연습문제 1.3

1. 다음 논리식의 진리표를 구하여라.

   (가) $(\sim p) \vee q$, (나) $p \wedge (\sim q)$,
   (다) $\sim (p \wedge q)$, (라) $(\sim p) \vee (\sim q)$,
   (마) $\sim (p \to q)$, (바) $(\sim p) \to (\sim q)$.

2. 전체집합 $U = \{1, 2, 3, 4, 5, 6, 7, 8, 9, 10\}$와 부분집합

   $$A = \{1, 5, 9\}, \quad B = \{3, 5, 7, 9\}, \quad C = \{2, 4, 6, 8\}$$

   에 대하여, 다음의 집합을 구하여라.

   (가) $A \cap B$, (나) $A \cup B$,
   (다) $A - B$, (라) $B \cap C$,
   (마) $A \cap C^c$, (바) $(B \cup C)^c$.

3. 전체집합 $U = \{x \,|\, x$는 20 미만의 자연수$\}$와 부분집합

   $$A = \{x \in U \,|\, x\text{는 3의 배수}\},$$
   $$B = \{x \in U \,|\, x\text{는 5의 배수}\},$$
   $$C = \{x \in U \,|\, x\text{는 소수}\}$$

   에 대하여, 다음의 집합을 구하여라.

   (가) B^c, (나) $A \cup B$,
   (다) $A - B$, (라) $B \cap C$,
   (마) $A \cap C^c$, (바) $(B \cup C)^c$.

1.4 부분집합과 조건문

이 절에서는 부분집합과 조건문에 대하여 알아본다.

1.4.1 조건문

명제의 조건문을 다음과 같이 정의한다.

정의 1.10: 조건문

명제 p와 q에 대하여, 새로운 명제 $(\sim p) \vee q$를 p와 q의 **조건문**이라고 하고 $p \rightarrow q$로 나타내며 'p이면 q이다'라고 읽는다.

조건문 $p \rightarrow q$의 진릿값은 표 1.4와 같다. 따라서 $\sim (p \rightarrow q)$의 진릿값은 $p \wedge (\sim q)$의 진릿값과 같다.

p	q	$p \rightarrow q$
T	T	T
T	F	F
F	T	T
F	F	T

표 1.4 조건문의 진리표

조건문 $p \rightarrow q$에 대하여, 논리에 많이 등장하는 다음을 정의하자.

정의 1.11: 조건문의 역과 대우

조건문 $p \rightarrow q$에 대하여, 조건문 $q \rightarrow p$를 $p \rightarrow q$의 **역**이라고 하고, 조건문 $(\sim q) \rightarrow (\sim p)$를 $p \rightarrow q$의 **대우**라고 한다.

p	q	$\sim q$	$\sim p$	$(\sim q) \rightarrow (\sim p)$
T	T	F	F	T
T	F	T	F	F
F	T	F	T	T
F	F	T	T	T

표 1.5 조건문의 대우의 진리표

조건문 $p \rightarrow q$의 대우 $(\sim q) \rightarrow (\sim p)$의 진리표는 표 1.5와 같다. 따라서 조건문 $p \rightarrow q$의 진릿값은 대우 $(\sim q) \rightarrow (\sim p)$의 진릿값과 같다.

명제 p와 q에 대하여, 합성명제 $(p \to q) \wedge (q \to p)$를 간단히

$$p \leftrightarrow q$$

로 나타낸다.

1.4.2 차집합과 부분집합

두 집합의 차집합을 다음과 같이 정의한다.

정의 1.12: 차집합

집합 $A = \{x \in U \mid p(x)\}$와 $B = \{x \in U \mid q(x)\}$에 대하여, 집합

$$\{x \in U \mid p(x) \wedge (\sim q(x))\}$$

를 집합 A와 B의 **차집합**이라고 하며 $A - B$로 나타낸다.

차집합 $A - B$를 벤 다이어그램으로 나타내면 그림 1.5와 같다.

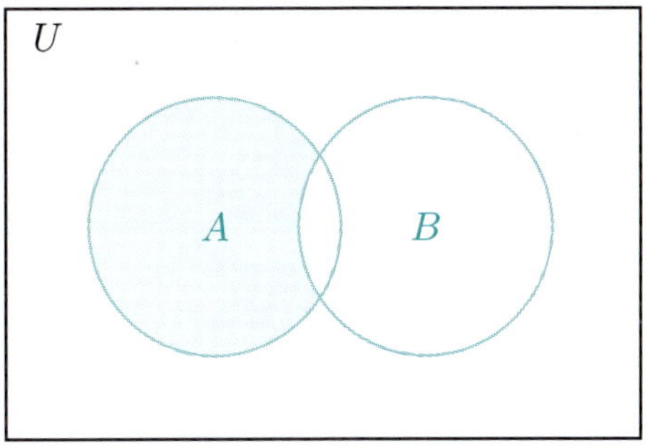

그림 1.5 차집합

집합의 부분집합을 다음과 같이 정의한다.

정의 1.13: 집합의 부분집합

집합 A와 B에 대하여, $A - B = \emptyset$이면 A는 B의 **부분집합**이라고 하고 $A \subset B$로 나타낸다.

보통 A의 모든 원소가 B에 속할 때, A는 B의 부분집합이라고 정의하는 경우가 많다. 이것이 앞의 정의와 같음을 확인하여 보자. 집합 A는 서로소인 두 집합 $A-B$와 $A\cap B$의 합집합이다. 즉,

$$A=(A-B)\cup(A\cap B),\qquad (A-B)\cap(A\cap B)=\emptyset$$

이다. 따라서 $A\subset B$의 진릿값은 $A=A\cap B$의 진릿값과 같다. 다시 말하면, 명제 '$A\subset B$'의 진릿값은 명제 'A의 모든 원소가 B에 속하다'의 진릿값과 같다. 이를 다음과 같이 정리할 수 있다.

정리 1.1: 부분집합과 조건문

집합 $A=\{x\in U\,|\,p(x)\}$와 $B=\{x\in U\,|\,q(x)\}$에 대하여, $\forall x\in U,\ p(x)\to q(x)$은 $A\subset B$이기 위한 필요충분조건이다.

집합의 같음과 진부분집합을 다음과 같이 정의한다.

정의 1.14: 집합의 같음과 진부분집합

집합 A와 B에 대하여, $(A\subset B)\ \wedge\ (B\subset A)$이면 집합 A는 B와 **같다**라고 하며 $A=B$로 나타낸다. $A\subset B$이면서 $A\neq B$이면 A는 B의 **진부분집합**이라고 하고 $A\subsetneq B$로 나타낸다.

예제 1.9. 자연수 전체의 집합 $\mathbb{N}$에 대하여,

$$A=\{1,2,3\},\ B=\{n\in\mathbb{N}\,|\,n<4\},\ C=\{n\in\mathbb{N}\,|\,n\text{은 12의 약수이다}\}$$

일 때 집합 A와 B와 C의 관계를 구하여라.

풀이. 집합 B와 C를 원소나열법으로 나타내면

$$B=\{1,2,3\},\quad C=\{1,2,3,4,6,12\}$$

이므로, $A=B$, $A\subsetneq C$, $B\subsetneq C$이다. □

1.4.3 필요조건과 충분조건

집합에 정의된 두 조건의 관계를 다음과 같이 정의한다.

정의 1.15: 충분조건과 필요조건

집합 U에서의 조건 $p(x)$와 $q(x)$에 대하여, $\forall x \in U,\ p(x) \to q(x)$이면 $p(x)$는 $q(x)$이기 위한 **충분조건**이라고 하고 $q(x)$는 $p(x)$이기 위한 **필요조건**이라고 한다.

정의 1.16: 필요충분조건

집합 U에서 x에 대한 조건 $p(x)$와 $q(x)$에 대하여, $\forall x \in U,\ p(x) \leftrightarrow q(x)$이면 $p(x)$는 $q(x)$이기 위한 **필요충분조건**이라고 한다.

예제 1.10. 자연수 전체의 집합 $\mathbb{N} = \{1, 2, 3, \ldots\}$에서 조건 $x > 10$, $x > 5$, $x \geq 6$의 관계를 구하여라.

풀이. 조건 $x > 10$와 $x > 5$에 대하여, $\forall n \in \mathbb{N}$, $x > 10 \to x > 5$이므로, $x > 10$은 $x > 5$이기 위한 충분조건이며 $x > 5$는 $x > 10$이기 위한 필요조건이다. 그리고 $\forall \in \mathbb{N}$, $x \geq 6 \leftrightarrow x > 5$이므로 $x \geq 6$은 $x > 5$이기 위한 필요충분조건이다. □

연습문제 1.4

1. 집합 $A = \{1, 2\}$, $B = \{2, 3, 4\}$, $C = \{2, 4, 5\}$에 대하여, 다음의 식이 명제인지를 판별하고, 명제인 경우 진릿값을 구하여라.
   (가) $A \subset C$, (나) $A \cup B$,
   (다) $(A \cap B) \subset (C \cap B)$, (라) $(A \cup B) \subset (C \cup B)$.
2. 집합 $A = \{1, 2, 3, 4, 5, 6\}$에 대하여, 원소 $1, 2, 3$을 포함하는 A의 부분집합을 모두 구하여라.
3. 실수 전체의 집합 $\mathbb{R}$에서 k는 상수일 때, 조건 $x = y$는 $kx = ky$이기 위한 어떤 조건인가?
4. 자연수 전체의 집합 $\mathbb{N}$에서, x가 15의 약수인 것은 x가 5의 약수이기 위한 어떤 조건인가?

1.5 집합의 기본적인 성질

이 절에서 집합에 대한 기본적인 성질을 알아본다.

정리 1.2: 집합의 기본적인 성질

전체집합 U의 부분집합 A, B, C에 대하여 다음이 성립한다.

(가) $A \cup B = B \cup A$, $A \cap B = B \cap A$, (교환법칙)

(나) $(A \cup B) \cup C = A \cup (B \cup C)$, (결합법칙)
$(A \cap B) \cap C = A \cap (B \cap C)$,

(다) $A \cap (B \cup C) = (A \cap B) \cup (A \cap C)$, (분배법칙)
$A \cup (B \cap C) = (A \cup B) \cap (A \cup C)$.

집합들의 합집합과 교집합에 대한 다음의 유명한 정리가 있다.

정리 1.3: 교집합과 합집합에 대한 드 모르간의 법칙

전체집합 U의 부분집합 A, B에 대하여,

$$(A \cup B)^c = A^c \cap B^c, \qquad (A \cap B)^c = A^c \cup B^c$$

이다.

예제 1.11. 전체집합 $U = \{1, 2, 3, 4\}$와 집합 $A = \{2, 3\}$와 $B = \{3, 4\}$에 대하여,

$$(A \cup B)^c = A^c \cap B^c, \quad (A \cap B)^c = A^c \cup B^c$$

을 보여라.

풀이. 집합 A와 B에 대하여, $A \cup B = \{2, 3, 4\}$이고 $A \cap B = \{3\}$이므로

$$(A \cup B)^c = \{1\}, \quad (A \cap B)^c = \{1, 2, 4\}$$

이다. 또한 $A^c = \{1, 4\}$이고 $B^c = \{1, 2\}$이므로

$$A^c \cap B^c = \{1\}, \quad A^c \cup B^c = \{1, 2, 4\}$$

이다. 따라서 $(A \cup B)^c = A^c \cap B^c$이고 $(A \cap B)^c = A^c \cup B^c$이다. □

집합 A와 B에 대하여, $x \in A$와 $y \in B$인 모든 순서쌍 (x, y)의 집합을 A와 B의 **데카르트 곱**이라고 부르고 $A \times B$로 나타낸다. 즉

$$A \times B = \{(x, y) \mid x \in A \ \wedge \ y \in B\}$$

이다.

예를 들면 $A = \{1, 2\}, B = \{5, 6, 7\}$이라 하자. 그러면 A와 B의 데카르트 곱의 원소는 $(1, 5), (1, 6), (1, 7), (2, 5), (2, 6), (2, 7)$이다. 즉

$$A \times B = \{(1, 5), (1, 6), (1, 7), (2, 5), (2, 6), (2, 7)\}$$

이다. 데카르트 곱 $A \times B$를 좌표에서 점들의 집합으로도 나타낼 수 있다. 한편, 집합 $B \times A$의 원소는 $(5, 1), (5, 2), (6, 1), (6, 2), (7, 1), (7, 2)$이므로, $A \times B \neq B \times A$이다.

예제 1.12. 집합 $A = \{1, 2, 3\}$와 $B = \{a, b\}$에 대하여, 데카르트 곱 $A \times B$와 $B \times A$를 구하여라.

풀이. $A \times B$는 $A \times B = \{(1, a), (1, b), (2, a), (2, b), (3, a), (3, b)\}$이고, $B \times A$는 $B \times A = \{(a, 1), (a, 2), (a, 3), (b, 1), (b, 2), (b, 3)\}$이다. □

연습문제 1.5

1. 집합 A, B에 대하여, 다음의 등식이 성립함을 보여라.

   (가) $A - (A - B) = A \cap B$,

   (나) $(A - B) \cup (B - A) = (A \cup B) - (A \cap B)$.

2. 집합 A, B, C에 대하여, 다음의 등식이 성립함을 보여라.

   (가) $(A - B) - C = A - (B \cup C)$,

   (나) $A - (B \cap C) = (A - B) \cup (A - C)$,

   (다) $A - (B \cup C) = (A - B) \cap (A - C)$.

3. 드 모르간의 법칙

$$(A \cup B)^c = A^c \cap B^c, \qquad (A \cap B)^c = A^c \cup B^c$$

이 성립함을 보여라.

4. 집합 $A = \{1, 2, 3\}$와 $B = \{6, 7\}$에 대하여, 다음 집합을 원소나열법으로 나타내어라.

(가) $A \times B$,　　(나) $B \times A$,
(다) $A \times A$,　　(라) $B \times B$.

5. 자연수 전체의 집합 $\mathbb{N}$에 대하여, 부분집합 A와 B가

$$A = \{x \in \mathbb{N} \,|\, x\text{는 10 이하의 5의 배수}\},$$
$$B = \{x \in \mathbb{N} \,|\, x\text{는 10 이하의 3의 배수}\}$$

일 때, $A \times B$를 구하여라.

제 2 장

실수와 함수

이 장에서는 실수와 함수를 다룬다.

실수는 수학을 공부할 때 가장 먼저 알아야 할 대상이다. 실수는 수직선에 놓인 점으로 이해할 수 있다. 실수에는 덧셈과 곱셈이란 연산이 정의되고 순서관계가 정의된다. 유리수에서도 덧셈과 곱셈 그리고 순서관계에 대한 기본적인 성질이 모두 성립한다. 실수에 대한 완비성이 성립하는데, 이 성질은 유리수에서는 성립하지 않는다.

18세기 오일러가 함수를 명확히 정의한 이후, 함수는 수학에 중요한 기본요소가 된다. 이 장에서는 함수에 대한 여러 개념들과 기본적인 성질을 알아본다. 또한 실수 구간에 정의된 기본적인 함수들에 대하여 알아본다.

2.1 실수의 덧셈과 곱셈

실수를 이해하는 좋은 방법을 찾는 것은 오랫동안 어려운 문제였다. 현재는 실수를 직선에 놓인 점으로 이해하는 것이 매우 직관적이고 바른 방법임을 알게 된다. 이 절에서는 실수를 수직선에 놓인 점으로 이해하는 방법을 알아본다. 여기서 실수에는 덧셈과 곱셈이란 연산자가 정의되고, 실수 사이에 순서관계가 존재한다.

점들을 실수와 일대일 대응시킨 직선을 **수직선**이라고 하고 $\mathbb{R}$로 나타낸다.

2.1.1 덧셈의 정의

수직선에 놓인 점 중에서 기준이 되는 점을 고정하고 0으로 나타낸다. 실수의 덧셈을 이해하기 위하여, 수직선에 놓인 점 a를 아래의 그림과 같이 0에서 a까지의 화살표로 나타내자.

수직선에 놓인 점 a와 b에 대하여, a와 b의 **합** $a+b$를 아래의 그림과 같이 점 a에서 출발하여 b가 나타내는 화살표만큼 이동한 점으로 정의한다. 이때 연산 $+$를 **덧셈**이라고 한다.

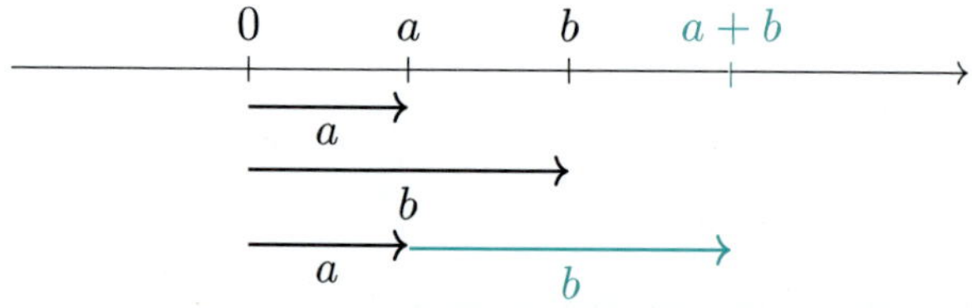

아래의 그림에서 실수 a가 0의 오른쪽에 놓여 있고 실수 b는 0의 왼쪽에 놓여 있을 때, $a+b$를 찾는 과정을 확인할 수 있다.

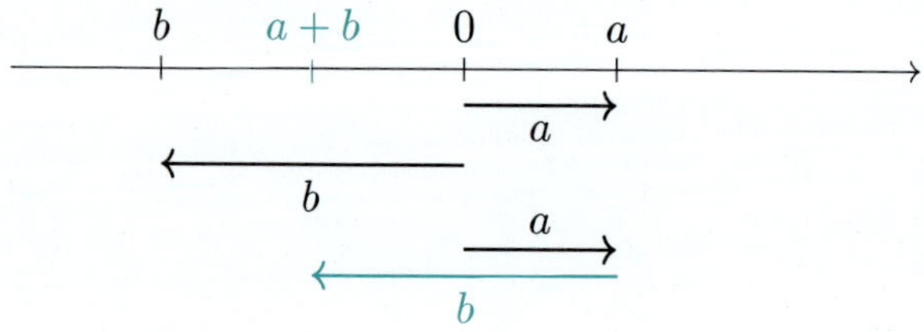

2.1.2 곱셈의 정의

수직선에 놓인 점 a와 b에 대하여, a와 b의 **곱** $a \cdot b$를 아래와 같은 수직선에 놓인 점으로 정의한다. 이때 연산 $\cdot$을 **곱셈**이라고 한다.

먼저, 0의 오른쪽 방향에 놓인 수직선의 점을 고정하여 1로 나타낸다. 수직선에 실수 0과 1 그리고 a와 b가 아래의 그림과 같이 놓여 있다.

(가) 점 0에서 수직선(수 직선)에 수직이고 위로 향하는 수직선(수직 선)을 그리고 수직선(수직 선)에 1과 b를 표시한다.

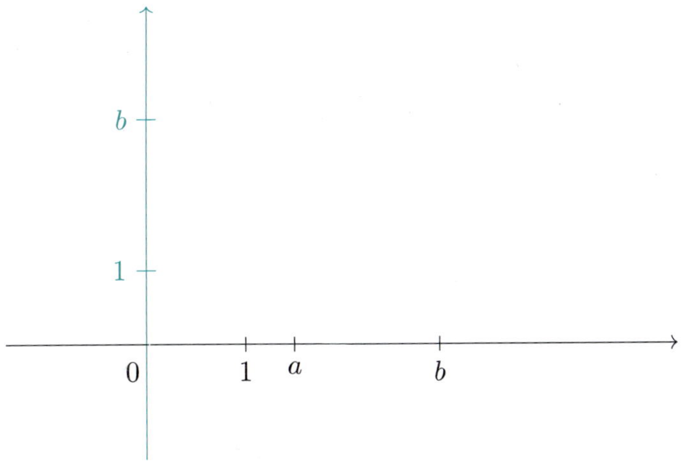

(나) 수직선(수직 선)에 놓인 1에서 수직선(수 직선)에 놓인 a까지의 선분을 그린다. 수직선(수직 선)에 놓인 b를 지나고 앞에서 그린 선분에 평행한 직선을 그린다. 위의 직선과 수직선(수 직선)이 만나는 점을 $a \cdot b$로 정의한다. 만약 $a = 0$이면 $a \cdot b = 0$이고, 만약 $a \neq 0$이면 비례식

$$1 : b = a : a \cdot b$$

에 따라서 위의 정의 $a \cdot b$는 타당하다.

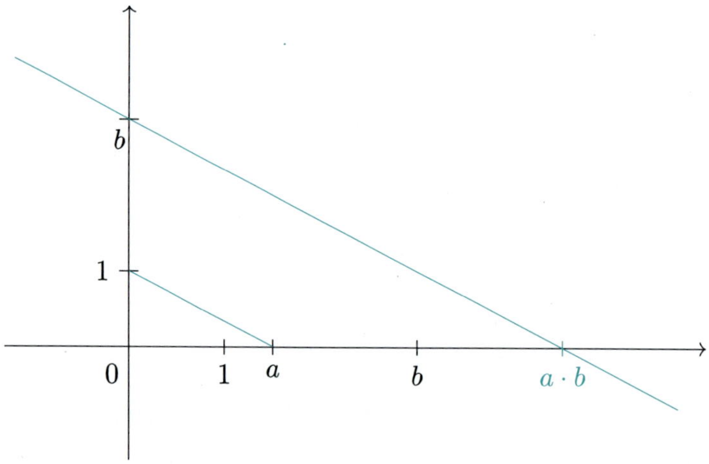

곱 $a \cdot b$를 간단히 ab로 나타내기도 한다.

2.1.3 덧셈과 곱셈에 대한 기본적인 성질

실수 전체의 집합 $\mathbb{R}$에 정의된 덧셈과 곱셈에 대하여 다음의 기본적인 성질이 성립한다.

(가) (결합법칙) 실수 x, y, z에 대하여,

$$x + (y + z) = (x + y) + z \quad \text{그리고} \quad x(yz) = (xy)z$$

이다.

(나) (항등원의 존재성) 실수 x에 대하여,

$$x + 0 = x \quad \text{그리고} \quad 0 + x = x$$

이다. 0이 아닌 실수 y에 대하여

$$y1 = y \quad \text{그리고} \quad 1y = y$$

이다.

(다) (역원의 존재성) 실수 x에 대하여, $x + y = 0 = y + x$인 실수 y가 실수 전체의 집합 $\mathbb{R}$에 유일하게 존재한다. 이때 y를 $-x$로 나타낸다. 0이 아닌 실수 a에 대하여, $ab = 1 = ba$인 실수 b가 $\mathbb{R} - \{0\}$에 유일하게 존재한다. 이때 b를 a^{-1} 또는 $1/a$로 나타낸다.

(라) (분배법칙) 실수 x, y, z에 대하여,

$$x(y+z) = xy + xz \quad \text{그리고} \quad (x+y)z = xz + yz$$

이다.

(마) (교환법칙) 실수 x, y에 대하여,

$$x + y = y + x \quad \text{그리고} \quad xy = yx$$

이다.

덧셈에 대한 기본적인 성질을 이용하여 덧셈에 대한 다음의 성질을 알 수 있다.

정리 2.1: 덧셈에 대한 일차방정식 근의 유일존재성

실수 a와 b에 대한 방정식 $a + x = b$에 대하여, $(-a) + b$가 방정식 $a + x = b$의 유일한 근이다.

증명. 방정식 $a + x = b$의 양변에 $-a$를 더하면 $(-a) + (a + x) = (-a) + b$이므로

$$x = 0 + x = \{(-a) + a\} + x = (-a) + (a + x) = (-a) + b$$

이다. □

예제 2.1. 실수 a에 대하여 $-(-a) = a$임을 보여라.

풀이. $-a$가 a의 덧셈에 대한 역원이므로

$$(-a) + a = 0 \quad \text{그리고} \quad a + (-a) = 0$$

이다. 그런데 위의 식은 a는 $-a$의 덧셈에 대한 역원임을 나타낸다. 따라서 $-(-a) = a$ 이다. □

예제 2.2. 실수 a와 b에 대하여, $-(a + b) = (-a) + (-b)$임을 보여라.

풀이. 덧셈에 대한 기본적인 성질에 따라서

$$(a+b)+\{(-a)+(-b)\}=0 \quad \text{그리고} \quad \{(-a)+(-b)\}+(a+b)=0$$

이다. 따라서 $(-a)+(-b)$는 $a+b$의 덧셈에 대한 역원이다. 즉, $-(a+b)=(-a)+(-b)$ 이다. □

곱셈에 대한 다음 일차방정식의 근도 유일하게 존재한다.

정리 2.2: 곱셈에 대한 일차방정식 근의 유일존재성

영이 아닌 실수 a와 실수 b에 대한 방정식 $ax=b$에 대하여, $a^{-1}b$가 방정식 $ax=b$의 유일한 근이다.

증명. 방정식 $ax=b$의 양변에 a^{-1}을 곱하면 $(a^{-1})(ax)=a^{-1}b$이므로

$$x=1x=(a^{-1}a)x=a^{-1}(ax)=a^{-1}b$$

이다. □

예제 2.3. 실수 a에 대하여, $a0=0$임을 보여라.

풀이. $a0=a(0+0)=a0+a0$이므로

$$0=a0+(-a0)=(a0+a0)+(-a0)=a0+\{a0+(-a0)\}=a0+0=a0$$

이다. □

예제 2.4. 실수 a와 b에 대하여, $a(-b)=-(ab)$임을 보여라.

풀이. $b+(-b)=0$이고 $a0=0$이므로

$$ab+a(-b)=a\{b+(-b)\}=a0=0,$$
$$a(-b)+ab=a\{(-b)+b\}=a0=0$$

이다. 따라서 $a(-b)$는 ab의 덧셈에 대한 역원이다. 즉, $a(-b)=-(ab)$이다. □

예제 2.5. 실수 a와 b에 대하여, $(-a)(-b) = ab$임을 보여라.

풀이. 예제 2.4와 예제 2.1에 따라서

$$(-a)(-b) = -\{(-a)b\} = -\{-(ab)\} = ab$$

이다. □

연습문제 2.1

1. 영이 아닌 실수 a에 대하여, $(a^{-1})^{-1} = a$임을 보여라.
2. 영이 아닌 실수 a와 b에 대하여, $(ab)^{-1} = (a^{-1})(b^{-1})$임을 보여라.
3. 실수 a와 b에 대하여, $ab = 0$이면 $a = 0$이거나 $b = 0$임을 보여라.
4. 실수 a와 b에 대하여, $a + b = a$이면 $b = 0$임을 보여라.
5. 실수 a와 b에 대해서, $a^2 + b^2 = 0$이면 $a = b = 0$임을 보여라.

2.2 실수에 대한 순서관계

이 절에서는 실수의 **순서관계** $<$를 정의하고 순서관계에 대한 성질에 대하여 알아본다.

그림 2.1 순서관계

수직선에 놓인 실수 a와 b에 대하여, 그림 2.1와 같이 b가 a의 오른쪽에 놓여 있으면 'b는 a보다 **크다**' 또는 'a는 b보다 **작다**'고 하고 $a < b$ 또는 $b > a$로 나타낸다. 실수 a와 b에 대하여, $a < b$ 또는 $a = b$이면 'a는 b보다 **작거나 같다**' 또는 'b는 a보다 **크거나 같다**'라고 하고 $a \leq b$ 또는 $b \geq a$로 나타낸다.

2.2.1 실수의 순서에 대한 기본성질

실수에 대한 순서관계 $<$에 대하여, 다음이 성립한다.

(가) 실수 a와 b에 대하여,

$$a < b, \qquad a = b, \qquad b < a$$

중에서 하나만 참이고 나머지 둘은 거짓이다. 이 성질을 실수의 **삼분법**이라고 한다.

(나) 실수 a, b, c에 대하여, $a < b$이면 $a + c < b + c$이다.

(다) 실수 a와 b에 대하여, $0 < a$이고 $0 < b$이면 $0 < a + b$이다.

(라) 실수 a와 b에 대하여, $0 < a$이고 $0 < b$이면 $0 < ab$이다.

실수 a에 대하여, $0 < a$이면 a는 **양의 실수** 또는 **양수**라고 하며, $a < 0$이면 a는 **음의 실수** 또는 **음수**라고 한다.

실수의 순서에 대한 기본성질 (나)와 (다)를 이용하여, 다음과 같이 순서에 대한 추이성을 증명하자.

정리 2.3: 실수의 순서에 대한 추이성

실수 a, b, c에 대하여, $a < b$이고 $b < c$이면 $a < c$이다.

증명. $a < b$이고 $b < c$라고 가정하자. 첫 번째 부등식의 양변에 $-a$를 더하고 두 번째 부등식의 양변에 $-b$를 더하면, 기본성질에 따라서 부등식이 유지되므로

$$0 < b - a \quad \text{그리고} \quad 0 < c - b$$

이다. 기본성질에 따라서 양수의 합은 양수이므로

$$0 < (b - a) + (c - b) = c - a$$

이다. 위의 부등식의 양변에 a를 더하면 $a < c$이다. □

예제 2.6. 실수 a, b, c에 대하여, $a < b$이고 $c < d$이면 $a + c < b + d$임을 보여라.

풀이. $a < b$이고 $c < d$라고 가정하자. $a < b$이므로 기본성질에 따라서 $a + c < b + c$이며 $c < d$이므로 기본성질에 따라서 $b + c < b + d$이다. $a + c < b + c$이고 $b + c < b + d$이므로 실수에 대한 추이성에 따라서 $a + c < b + d$이다. □

예제 2.7. 실수 a에 대하여, $0 < a$는 $-a < 0$이기 위한 필요충분조건임을 보여라.

풀이. $0 < a$라고 가정하자. 이 부등식의 양변에 $-a$를 더하면 $-a = 0 + (-a) < a + (-a) = 0$ 즉 $-a < 0$이다.

역으로 $-a < 0$이라고 가정하자. 이 부등식의 양변에 a를 더하면 $0 = a + (-a) < a + 0 = a$ 즉 $0 < a$이다. □

예제 2.8. 부등식 $x + 3 < 5$를 풀어라.

풀이. 부등식의 양변에 -3을 더하면

$$(x + 3) + (-3) < 2$$

이다. 이때 $(x + 3) + (-3) = x + (3 + (-3)) = x + 0 = x$이므로 $x < 2$이다. □

2.2.2 구간

$a < b$인 실수 a와 b에 대하여,

$$(a,b) = \{x \in \mathbb{R} \,|\, a < x < b\}, \qquad [a,b] = \{x \in \mathbb{R} \,|\, a \le x \le b\},$$
$$[a,b) = \{x \in \mathbb{R} \,|\, a \le x < b\}, \qquad (a,b] = \{x \in \mathbb{R} \,|\, a < x \le b\}$$

로 놓자. 여기서 (a,b)는 **열린 구간**이라고 하며 $[a,b]$는 **닫힌 구간**이라고 하며, $[a,b)$ 또는 $(a,b]$는 **반열린 구간**[1]이라고 한다. 위의 구간을 그림 2.2와 같이 수직선에 나타낼 수 있다.

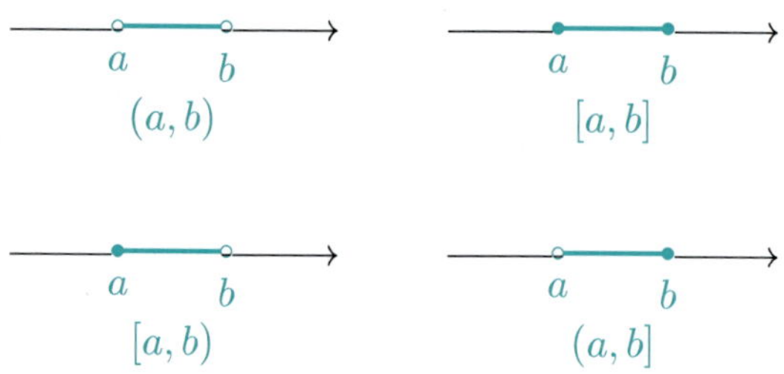

그림 2.2 구간

실수 a에 대하여,

$$(a,\infty) = \{x \in \mathbb{R} \,|\, x > a\}, \qquad [a,\infty) = \{x \in \mathbb{R} \,|\, x \ge a\},$$
$$(-\infty,a) = \{x \in \mathbb{R} \,|\, x < a\}, \qquad (-\infty,a] = \{x \in \mathbb{R} \,|\, x \le a\}$$

로 놓자. 위의 집합들은 **반직선**이라고 한다.

연습문제 2.2

1. 실수 a와 b에 대하여, $0 < a$이고 $b < 0$이면 $ab < 0$임을 보여라.
2. 실수 a, b, c에 대하여, $a < b$이고 $0 < c$이면 $ac < bc$임을 보여라.
3. 실수 a, b, c에 대하여, $a < b$이고 $c < 0$이면 $ac > bc$임을 보여라.
4. 부등식 $2x - 7 < 4x + 5$를 풀어라.

[1] 반열린 구간을 **반닫힌 구간**이라고도 한다.

2.3 실수의 절댓값

실수 a에 대하여, 0에서 a까지의 거리를 실수 a의 **절댓값**이라고 하며 $|a|$로 나타낸다. 만약 $0 \leq a$이면 $|a| = a$이며 만약 $a < 0$이면 $|a| = -a$이므로,

$$|a| = \begin{cases} a & (a \geq 0\text{일 때}), \\ -a & (a < 0\text{일 때}) \end{cases}$$

이다. 따라서

$$-|a| \leq a \leq |a|$$

이다.

그림 2.3 절댓값을 이용한 구간

양의 상수 ϵ에 대하여, 그림 2.3에서와 같이 부등식 $|x-a| < \epsilon$는 a에서 x까지의 거리가 ϵ보다 작음을 나타내고 부등식 $|x-a| > \epsilon$는 a에서 x까지의 거리가 ϵ보다 큼을 나타내므로 다음을 알 수 있다.

정리 2.4: 실수의 절댓값과 부등식

실수 a와 양의 실수 ϵ에 대하여, 다음이 성립한다.

(가) $|x-a| < \epsilon$는 $a - \epsilon < x < a + \epsilon$이기 위한 필요충분조건이다.

(나) $|x-a| > \epsilon$는 $(x < a - \epsilon) \vee (x > a + \epsilon)$이기 위한 필요충분조건이다.

증명. (가) $|x-a| < \epsilon$라고 가정하자. 실수의 삼분법에 따라서 $0 \leq x - a$이거나 $x - a < 0$이다. 만약 $0 \leq x - a$이면 $0 \leq x - a = |x-a| < \epsilon$이므로 $a - \epsilon < a \leq x < a + \epsilon$이다. 만약 $x - a < 0$이면 $0 < -(x-a) = |x-a| < \epsilon$이므로 $a - \epsilon < x < a < a + \epsilon$이다. 따라서 $a - \epsilon < x < a + \epsilon$이다.

역으로 $a - \epsilon < x < a + \epsilon$라고 가정하자. 그러면 $a - \epsilon < x < a$이거나 $a \leq x < a + \epsilon$이다. 만약 $a - \epsilon < x < a$이면 $-\epsilon < x - a < 0$이므로 $|x-a| = -(x-a) < \epsilon$이다. 만약

$a \le x < a+\epsilon$이면 $0 \le x-a < \epsilon$이므로 $|x-a| = x-a < \epsilon$이다. 따라서 $|x-a| < \epsilon$이다.

(나) $|x-a| > \epsilon$라고 가정하자. 실수의 삼분법에 따라서 $0 < x-a$이거나 $x-a < 0$이다. 만약 $0 < x-a$이면 $x-a = |x-a| > \epsilon$이므로 $x > a+\epsilon$이다. 만약 $x-a<0$이면 $-x+a = -(x-a) = |x-a| > \epsilon$이므로 $x < a-\epsilon$이다. 따라서 $x > a+\epsilon$ 또는 $x < a-\epsilon$이다.

역으로 $x > a+\epsilon$ 또는 $x < a-\epsilon$라고 가정하자. 만약 $x > a+\epsilon$이면 $|x-a| = x-a > \epsilon$이다. 만약 $x < a-\epsilon$이면 $0 < \epsilon < -(x-a)$이므로 $|x-a| = -(x-a) > \epsilon$이다. 따라서 $|x-a| > \epsilon$이다. □

위의 정리에서 '<'를 '≤'로 바꾸어도 정리가 성립함을 같은 방식으로 증명할 수 있다. 즉, 실수 a와 양의 실수 ϵ에 대하여, 다음이 성립한다.

(가) $|x-a| \le \epsilon$는 $a-\epsilon \le x \le a+\epsilon$이기 위한 필요충분조건이다.

(나) $|x-a| \ge \epsilon$는 $(x \le a-\epsilon) \vee (x \ge a+\epsilon)$이기 위한 필요충분조건이다.

두 실수의 곱의 절댓값은 각 실수의 절댓값의 곱과 같음은 절댓값의 정의에 따라서 다음과 같이 쉽게 알 수 있다.

정리 2.5: 실수의 곱과 절댓값

실수 a와 b에 대해서, $|ab| = |a||b|$이다. 만약 $b \ne 0$이면 $|a/b| = |a|/|b|$이다.

증명. 만약 $a=0$ 또는 $b=0$이면 $ab=0$이므로 $|ab| = 0 = |a||b|$이다. 만약 $0 < a$이고 $0 < b$이면 $0 < ab$이고 $|a| = a$, $|b| = b$, $|ab| = ab$이므로 $|ab| = ab = |a||b|$이다. 만약 $0 < a$이고 $b < 0$이면 $ab < 0$이고 $|a| = a$, $|b| = -b$, $|ab| = -ab$이므로 $|ab| = -ab = a(-b) = |a||b|$이다. 만약 $a < 0$이고 $0 < b$이면 $ab < 0$이고 $|a| = -a$, $|b| = b$, $|ab| = -ab$이므로 $|ab| = -ab = (-a)b = |a||b|$이다. 만약 $a < 0$이고 $b < 0$이면 $0 < ab$이고 $|a| = -a$, $|b| = -b$, $|ab| = ab$이므로 $|ab| = ab = (-a)(-b) = |a||b|$이다. 따라서 모든 경우에 $|ab| = |a||b|$이다.

$b \ne 0$이라고 가정하자. 그러면 $0 < b$이거나 $b < 0$이다. $0 < b$인 경우, $0 < 1/b$이므로 $|1/b| = 1/b = 1/|b|$이다. $b < 0$인 경우, $1/b < 0$이므로 $|1/b| = -1/b = 1/(-b) = 1/|b|$이다. 따라서 모든 경우에 $|1/b| = 1/|b|$이다. 그러므로

$$\left|\frac{a}{b}\right| = \left|a\frac{1}{b}\right| = |a|\left|\frac{1}{b}\right| = |a|\frac{1}{|b|} = \frac{|a|}{|b|}$$

이다. □

두 실수의 합의 절댓값은 각 실수의 절댓값의 합보다 작거나 같음을 다음과 같이 알 수 있다.

정리 2.6: 실수의 절댓값에 대한 삼각부등식

실수 a와 b에 대해서, $|a+b| \le |a| + |b|$이다.

증명. $|a| \le |a|$이므로 정리 2.4에 따라서 $-|a| \le a \le |a|$이다. 같은 방법으로 $-|b| \le b \le |b|$이다. $-|a| \le a \le |a|$이고 $-|b| \le b \le |b|$이므로 예제 2.6에 따라서 $-(|x|+|y|) \le x+y \le |x|+|y|$이다. 그러면 정리 2.4에 따라서 $|x+y| \le |x|+|y|$이다. □

실수 $a_1, a_2, \ldots, a_n$에 위의 정리를 순차적으로 적용하면

$$|a_1 + a_2 + \cdots + a_n| \le |a_1| + |a_2| + \cdots + |a_n|$$

임을 알 수 있다.

예제 2.9. 부등식 $|3x-2| \ge 1$을 풀어라.

풀이. 정리 2.4의 (나)에 따라서 $3x \le 1$ 또는 $3 \le 3x$은 $|3x-2| \ge 1$이기 위한 필요충분조건이다. 그러므로 $x \le 1/3$ 또는 $1 \le x$이다. □

연습문제 2.3

1. 다음 부등식을 풀어라.

   (가) $|2x-3| < 1$, (나) $|x-1| < 3$,

   (다) $\left|\frac{x}{2} - 1\right| \le 3$, (라) $\left|\frac{x}{2} + 3\right| \ge 2$.

2. $\left|x - \frac{1}{2}\right| < \frac{1}{2}$일 때 $\left|\frac{x+2}{x-2}\right| < M$인 M의 범위를 구하여라.

3. 실수 a와 b에 대하여, $||a| - |b|| \le |a-b|$임을 보여라.

2.4 함수의 정의

함수는 집합과 논리와 함께 수학의 기본적인 개념으로 매우 중요하다. 이 절에서는 함수의 정의와 기본적인 성질에 대하여 알아본다.

집합 X와 Y에 대하여, X의 모든 원소들에 Y의 원소를 유일하게 대응시키는 관계를 X에서 Y로의 **함수**라고 하고 $f\colon X \to Y$로 나타낸다. 함수 $f\colon X \to Y$를 간단히 f로 나타내기도 한다. 이때 집합 X를 함수 f의 **정의역**이라고 하고, 집합 Y를 함수 f의 **공역**이라고 한다. 함수 f에 따라서 정의역 X의 원소 x에 대응하는 공역 Y의 원소를 함수 f에 대한 x의 **상**이라고 하고 $f(x)$로 나타낸다. 집합 $\{f(x) \in Y \ : \ x \in X\}$를 함수 f의 **치역**이라고 한다.

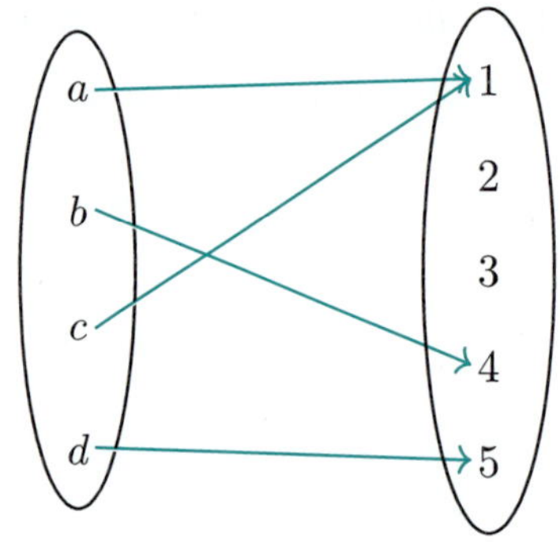

그림 2.4 함수 $f\colon X \to Y$

보기 2.1. 집합 $X = \{a, b, c, d\}$와 $Y = \{1, 2, 3, 4, 5\}$에 대하여, 함수 $f\colon X \to Y$를

$$f(a) = 1, \quad f(b) = 4, \quad f(c) = 1, \quad f(d) = 5$$

로 정의하면 함수 f의 정의역은 X이며 공역은 Y이고 치역은 $\{1, 4, 5\}$이다. 함수 f를 그림 2.4와 같이 나타낼 수 있다. 그림 2.4와 같이, 함수에 의한 대응에서 정의역의 모든 원소들은 공역의 오직 한 개의 원소에 대응된다. 그러나 Y의 원소 2와 3와 같이 공역의 원소들 중에는 정의역에 원소와 대응하지 않는 원소가 존재할 수도 있고, 또한 Y의 원소 1과 같이 정의역의 여러 원소들과 대응하는 원소가 존재할 수도 있다.

보기 2.2. 실수 전체의 집합 $\mathbb{R}$에 대하여, 함수 $f\colon \mathbb{R} \to \mathbb{R}$를 $f(x) = x^2 + 1$로 정의하면 집합 $\{x \in \mathbb{R} : 1 \leq x\}$이 함수 f의 치역이다.

보기 2.3. 자연수 전체의 집합 $\mathbb{N}$에서 정수 전체의 집합 $\mathbb{Z}$로의 함수 $f\colon \mathbb{N} \to \mathbb{Z}$에 대하여, $f(n)$이 n을 4로 나눌 때의 나머지이면

$$f(1) = 1,\ \ f(2) = 2,\ \ f(3) = 3,\ \ f(4) = 0,\ \ f(5) = 1,\ \ f(6) = 2,\ \ \ldots$$

이므로 집합 $\{0, 1, 2, 3\}$이 함수 f의 치역이다.

함수 f를 다음과 같이 분류한다.

정의 2.1: 일대일 함수와 위로의 함수

함수 $f\colon X \to Y$에 대하여,

$$\forall x_1, \forall x_2 \in X,\ x_1 \neq x_2 \to f(x_1) \neq f(x_2)$$

이면 함수 f는 **일대일 함수**[a]라고 한다. 또한

$$\forall y \in Y,\ \exists x \in X,\ f(x) = y$$

이면 함수 f는 **위로의 함수**[b]라고 한다. 함수 f가 위로의 함수이면서 일대일 함수이면 f는 **일대일 대응**[c]이라고 한다.

[a] 일대일 함수를 **단사함수**라고도 한다.
[b] 위로의 함수를 **전사함수**라고도 한다.
[c] 일대일 대응을 **전단사함수**라고도 한다.

조건 $f(x_1) = f(x_2) \to x_1 = x_2$은 조건 $x_1 \neq x_1, \to f(x_1) \neq f(x_2)$의 대우이므로,

$$\forall x_1, \forall x_2 \in X,\ f(x_1) = f(x_2) \to x_1 = x_2$$

은 f가 일대일 함수이기 위한 필요충분조건임을 알 수 있다.

보기 2.4. 집합 $X = \{a, b, c, d\}$과 $Y = \{1, 2, 3, 4, 5\}$에 대하여, 그림 2.5의 왼쪽 그림과 같이 함수 $f\colon X \to Y$가

$$f(a) = 2,\ f(b) = 4,\ f(c) = 1,\ f(d) = 5$$

로 정의되면 함수 f는 일대일 함수이다.

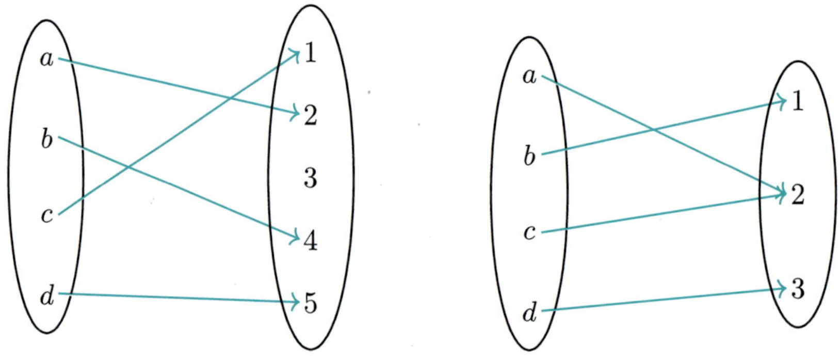

그림 2.5 일대일 함수와 위로의 함수

보기 2.5. 집합 $X = \{a, b, c, d\}$와 $Y = \{1, 2, 3\}$에 대하여, 그림 2.5의 오른쪽 그림과 같이 함수 $g\colon X \to Y$가

$$g(a) = 2,\ g(b) = 1,\ g(c) = 2,\ g(d) = 3$$

로 정의되면 함수 g는 위로의 함수이다.

예제 2.10. 함수 $f\colon \mathbb{R} \to \mathbb{R}$가 $f(x) = x^2$일 때, f가 일대일 함수인지 판별하여라.

풀이. 실수 1과 -1에 대하여,

$$1 \neq -1 \quad \text{그리고} \quad f(1) = 1 = f(-1)$$

이므로 f는 일대일 함수가 아니다. □

예제 2.11. 함수 $f\colon \mathbb{R} \to \mathbb{R}$가 $f(x) = x^2$일 때, f가 위로의 함수인지 판별하여라.

풀이. 실수 -1에 대하여, $f(x) = -1$인 실수 x가 존재하지 않으므로, f는 위로의 함수가 아니다. □

연습문제 2.4

1. 다음의 함수가 일대일 함수인지 판별하여라.

   (가) $f(x) = x + 1$, (나) $g(x) = -3$,

   (다) $h(x) = x^2 + 2x + 1$, (라) $k(x) = x^3$.

2. 함수 $f : \mathbb{R} \to \mathbb{R}$이 다음과 같이 정의될 때, f가 위로의 함수인지 판별하여라.

   (가) $f(x) = 2x - 1$, (나) $g(x) = (x - 3)^2 + 3$,

   (다) $f(x) = x^2 - 2x + 3$, (라) $k(x) = x^3 + 2$.

2.5 구간에 정의된 함수

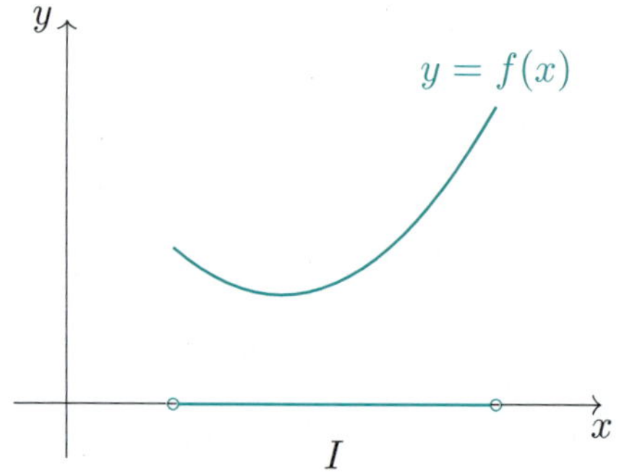

그림 2.6 함수 $f\colon I \to \mathbb{R}$의 그래프 $y = f(x)$

실수 전체의 집합 $\mathbb{R}$에 놓인 구간 I에 정의된 함수 $f\colon I \to \mathbb{R}$에 대하여, 함수 f를 그림으로 나타낼 수 있다. 먼저, 평면에 수평으로 그어진 수직선 x-축과 수직으로 그려진 수직선 y-축을 그려 놓는다. 그리고 $y = f(x)$인 점 (x, y)를 평면에 그려 놓으면, 그림 2.6와 같이 함수 f의 그래프 $y = f(x)$를 나타낼 수 있다.

정의역이 같은 두 함수 f와 g에 대하여, 새로운 함수 $f+g$, $f-g$, fg, f/g를 각각

(가) $(f+g)(x) = f(x) + g(x)$,

(나) $(f-g)(x) = f(x) - g(x)$,

(다) $(fg)(x) = f(x)g(x)$,

(라) $(f/g)(x) = f(x)/g(x)$ (단, $g(x) \neq 0$)

로 정의한다.

예제 2.12. 함수 $f(x) = (x-3)/2$와 $g(x) = \sqrt{x}$에 대하여, $(f+g)(x)$와 $(fg)(x)$를 구하여라.

풀이. 함수 $f+g$와 fg는 각각

$$(f+g)(x) = f(x) + g(x) = \frac{x-3}{2} + \sqrt{x}, \quad (fg)(x) = f(x)g(x) = \frac{(x-3)\sqrt{x}}{2}$$

이다. □

다음은 우함수와 기함수에 대하여 알아보자.

정의 2.2: 우함수와 기함수

함수 f의 정의역에 속하는 모든 x에 대하여 $-x$도 정의역에 속할 때,

(가) 모든 x에 대하여 $f(-x) = f(x)$이면 f를 **우함수**라고 하며

(나) 모든 x에 대하여 $f(-x) = -f(x)$이면 f를 **기함수**라고 한다.

우함수의 그래프는 y축에 대하여 대칭이고 기함수의 그래프는 원점에 대하여 대칭인 함수이다. 물론 우함수도 아니고 기함수도 아닌 함수가 존재한다.

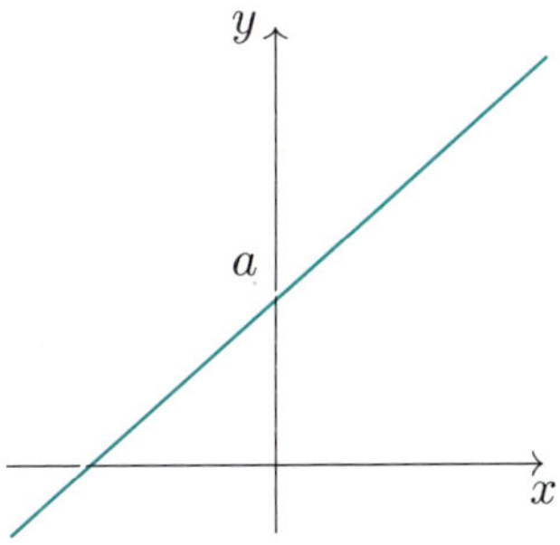

그림 2.7 일차함수 $f(x) = a + bx$의 그래프 $y = a + bx$

상수 a와 b에 대하여,

$$f(x) = a + bx$$

로 정의된 함수를 생각하자. 만약 $b = 0$이면 함수 f는 함숫값이 a인 **상수함수**라고 한다. 만약 $b \neq 0$이면 함수 f는 **일차함수**라고 한다. 그림 2.7은 함수 $f(x) = a + bx$의 그래프를 나타낸다. 여기서 함수의 그래프 $y = a + bx$는 점 $(0, a)$를 지나고 기울기가 b인 직선이다.

보기 2.6. 함수 $f(x) = 3$는 상수함수이고, 함수 $g(x) = 3x - 1$은 일차함수이다.

상수 $a_0, a_1, \ldots, a_n$에 대하여, 상수와 변수의 곱으로 이루어진 식

$$a_k x^k$$

은 **단항식**이라고 하고, 유한개의 단항식의 합으로 이루이진 식

$$a_0 + a_1 x + a_2 x^2 + \cdots + a_n x^n$$

은 **다항식**이라고 한다. 만약 $a_n \neq 0$이면

$$f(x) = a_0 + a_1x + a_2x^2 + \cdots + a_nx^n$$

로 정의된 함수는 차수가 n인 **다항함수**라고 한다. 일차함수는 차수가 1인 다항함수이다. 차수가 2, 3, ...인 다항함수는 각각 **이차함수**, **삼차함수**, ...라고 한다.

보기 2.7. 함수 $f(x) = 3 - 2x - x^2 + x^3 + 2x^4$은 차수가 4인 다항함수이다.

다항함수 f와 g에 대하여, g가 영함수가 아닐 때

$$h(x) = \frac{f(x)}{g(x)}$$

로 정의되는 함수 h는 **유리함수**라고 한다.

보기 2.8. 함수 h가

$$h(x) = \frac{2 - 3x}{1 + x^2}$$

로 정의되면, $f(x) = 2 - 3x$는 일차함수이고 $g(x) = 1 + x^2$는 이차함수이므로 h는 유리함수이다.

연습문제 2.5

1. 다음 함수의 그래프를 그려라.

   (가) $f(x) = x + 2$, (나) $g(x) = 2x - 3$,

   (다) $h(x) = x^2 + 3$, (라) $k(x) = (x - 1)(x - 3)$.

2. 다음의 함수가 기함수인지 우함수인지를 판별하여라.

   (가) $f(x) = -2$, (나) $g(x) = |2x|$,

   (다) $h(x) = x^2 + 2x - 1$, (라) $k(x) = (x - 1)^2$.

2.6 역함수와 합성함수

2.6.1 역함수

함수 $f: X \to Y$가 일대일 대응이면, 임의의 원소 $y \in Y$에 대하여 $y = f(x)$인 원소 $x \in X$가 유일하게 존재한다. 그러므로 $y = f(x)$로 놓으면 $x = g(y)$인 함수 $g: Y \to X$가 존재한다. 이때 함수 g를 f의 **역함수**라고 하고 f^{-1}로 나타낸다.

> **예제 2.13.** 함수 $f(x) = 10 - 2x$의 역함수를 구하여라.

증명. 함수 $f(x) = 10 - 2x$를 $y = 10 - 2x$로 나타내면

$$x = \frac{10 - y}{2}$$

이므로, 역함수는

$$f^{-1}(x) = \frac{10 - x}{2}$$

이다. □

> **예제 2.14.** 함수 $f: \mathbb{R} \to \mathbb{R}$이 $f(x) = 2x + 1$일 때, f가 일대일 대응임을 보이고 f의 역함수 f^{-1}를 구하여라.

풀이. 실수 $x_1, x_2 \in \mathbb{R}$에 대하여

$$x_1 \neq x_2 \ \to f(x_1) = 2x_1 + 1 \neq 2x_2 + 1 = f(x_2)$$

이므로, f는 일대일 함수이다. 또한 임의의 실수 $b \in \mathbb{R}$에 대하여

$$f\left(\frac{b-1}{2}\right) = 2\frac{b-1}{2} + 1 = b$$

이므로, f는 위로의 함수이다. 따라서 f는 일대일 대응이다.

$y = f(x)$로 놓으면 $x = (y-1)/2$이므로, f의 역함수 f^{-1}은

$$f^{-1}(x) = \frac{x - 1}{2}$$

이다. □

2.6.2 합성함수

함수 f의 공역과 함수 g의 정의역이 일치하는 경우에 새로운 함수를 정의할 수 있다.

정의 2.3: 합성함수

함수 $f: X \to Y$와 $g: Y \to Z$에 대하여,

$$(g \circ f)(x) = g(f(x))$$

로 정의되는 함수 $g \circ f: X \to Z$를 f와 g의 **합성함수**라고 한다.

예제 2.15. 함수 $f(x) = 2x + 3$와 $g(x) = x^2 + 1$에 대하여, f와 g의 합성함수 $g \circ f$를 구하여라.

풀이. 합성함수는

$$(g \circ f)(x) = (2x + 3)^2 + 1$$

이다. □

예제 2.16. 함수 $f(x) = x + 2$와 $g(x) = 2 - x$에 대하여, 다음 함수를 구하여라.

(가) $g^{-1} \circ f^{-1}$, (나) $(f \circ g)^{-1}$.

풀이. (가) $y = f(x) = x + 2$이므로 $x = y - 2$ 즉, $f^{-1}(x) = x - 2$이다. 또한 $y = g(x) = 2 - x$이므로 $x = 2 - y$ 즉, $g^{-1}(x) = 2 - x$이다. 따라서

$$(g^{-1} \circ f^{-1})(x) = g^{-1}(f^{-1}(x)) = g^{-1}(x - 2) = 2 - (x - 2) = 4 - x$$

이다.

(나) $y = (f \circ g)(x) = f(g(x)) = f(2 - x) = (2 - x) + 2 = 4 - x$이므로 $x = 4 - y$이다. 따라서

$$(f \circ g)^{-1}(x) = 4 - x$$

이다. □

함수의 합성에 대한 교환법칙이 일반적으로 성립하지 않음을 아래의 예제에서 확인할 수 있다.

예제 2.17. 함수 $f(x) = x+1$와 $g(x) = x^2+1$에 대하여, 합성함수 $g \circ f$와 $g \circ f$를 구하여라.

풀이. 합성함수 $g \circ f$는

$$(g \circ f)(x) = g(f(x)) = (x+1)^2 + 1 = x^2 + 2x + 2$$

이고, 합성함수 $f \circ g$는

$$(f \circ g)(x) = f(g(x)) = (x^2+1) + 1 = x^2 + 2$$

이다. □

함수의 합성에 대한 교환법칙은 일반적으로 성립하지 않지만 함수의 합성에 대한 결합법칙은 성립한다.

정리 2.7: 함수의 합성에 대한 결합법칙

함수 $f\colon X \to Y$와 $g\colon Y \to V$와 $h\colon V \to W$에 대하여,

$$h \circ (g \circ f) = (h \circ g) \circ f$$

이다.

증명. 모든 $x \in X$에 대하여

$$(h \circ (g \circ f))(x) = h((g \circ f)(x)) = h(g(f(x))) = (h \circ g)(f(x)) = ((h \circ g) \circ f)(x)$$

이므로, $h \circ (g \circ f) = (h \circ g) \circ f$이다. □

예제 2.18. 함수 $f(x) = x^2$, $g(x) = x+1$, $h(x) = x+2$에 대하여, 다음 합성함수의 함숫값을 구하여라.

(가) $h \circ (g \circ f)$ (나) $(h \circ g) \circ f$

증명. (가) 함수 f와 g의 합성함수 $g \circ f$는 $(g \circ f)(x) = g(f(x)) = x^2 + 1$이므로, h와 $g \circ f$의 합성함수 $h \circ (g \circ f)$는

$$(h \circ (g \circ f))(x) = h(x^2 + 1) = x^2 + 3$$

이다.

(나) 함수 g와 h의 합성함수 $h \circ g$는 $(h \circ g)(x) = h(g(x)) = x + 3$이므로, 함수 f와 $h \circ g$의 합성함수 $(h \circ g) \circ f$는

$$((h \circ g) \circ f)(x) = (h \circ g)(f(x)) = x^2 + 3$$

이다. □

연습문제 2.6

1. 다음의 함수의 역함수를 구하여라.

   (가) $f(x) = x - 3$, (나) $g(x) = 3x - 4$,

   (다) $h(x) = x^3 + 2$, (라) $k(x) = x^5 - 1$.

2. 다음의 함수 f와 g에 대하여, 합성함수 $g \circ f$를 구하여라.

   (가) $f(x) = x + 2, \quad g(x) = 2x + 3$,

   (나) $f(x) = x^2 + 3, \quad g(x) = \dfrac{x+1}{x-1}$,

   (다) $f(x) = x^2 + x + 2, \quad g(x) = 3$,

   (라) $f(x) = x + 3, \quad g(x) = x - 3$.

제 3 장

삼각함수

삼각함수는 각의 크기에 대한 함수로서 평면기하에서 매우 기본적이면서 중요하다. 이 장에서는 삼각함수를 정의하고 삼각함수에 대한 기본적인 성질을 살펴본다. 또한 삼각함수의 그래프에 대하여 알아보고, 덧셈정리 등 삼각함수에 대한 많은 공식에 대하여 알아본다.

3.1 각의 정의

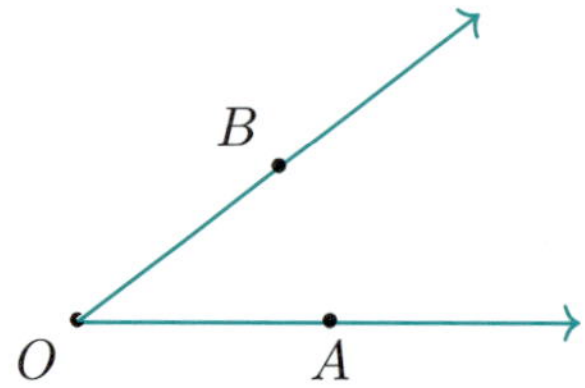

그림 3.1 각

그림 3.1에서와 같이, 평면에 놓인 점 O를 출발하는 두 반직선 $\overrightarrow{OA}$와 $\overrightarrow{OB}$로 이루어진 도형을 **각** AOB라고 하고 $\angle AOB$로 나타낸다. 이때 점 O를 $\angle AOB$의 **꼭짓점**이라고 하고 반직선 $\overrightarrow{OA}$를 $\angle AOB$의 **시작변**[1]이라고 하고 반직선 $\overrightarrow{OB}$를 $\angle AOB$의 **끝변**[2]이라고 한다. 시작변과 끝변을 통틀어 **변**이라고 한다.

각 AOB에서 꼭짓점 O를 중심으로 시작변 $\overrightarrow{OA}$에서 끝변 $\overrightarrow{OB}$까지 회전한 양을 **$\angle AOB$의 크기**라고 한다. 이때 반시계방향으로 회전하면 크기는 양수이고 시계방향으로 회전하면 크기는 음수이다.

각의 크기를 표현하는 방법에는 육십분법과 호도법이 있다.

육십분법에서는 1 회전각의 1/360을 1**도**라고 하고 $1°$로 나타낸다. 따라서, 1 회전각은 $360°$이고 1/2 회전각은 $180°$이며 직각인 1/4 회전각은 $90°$이다.

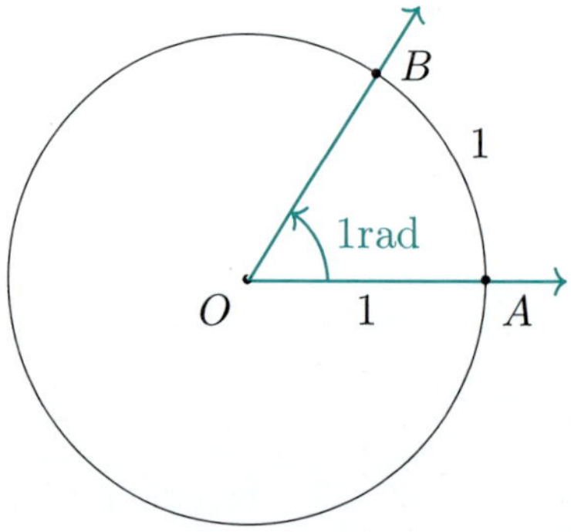

그림 3.2 호도법

호도법에서는, 그림 3.2에서와 같이, 꼭짓점 O를 중심으로 반지름이 1인 원에 대하여 길이가 1인 호 AB에 대한 중심각 $\angle AOB$의 크기를 1**호도**[3]라고 하고 1 rad로 나

[1] 시작변을 **시초선**이라고도 한다.
[2] 끝변을 **동경**이라고도 한다.
[3] 호도를 **라디안**이라고도 한다.

타낸다.

지름이 1인 원의 원주의 길이를 π로 나타낸다. 따라서, 반지름이 1인 원의 원주의 길이는 2π이므로

$$\pi\,\text{rad} = 180^\circ$$

이다. 위의 식을

$$\frac{\pi\,\text{rad}}{180^\circ} = 1 \qquad \text{또는} \qquad \frac{180^\circ}{\pi\,\text{rad}} = 1$$

로도 나타낼 수 있다. 이를 이용하면, 각의 크기의 단위를 쉽게 바꿀 수 있다. 즉, 육십분법으로 표현된 각의 크기 x°를

$$x^\circ = x^\circ \cdot 1 = x^\circ \cdot \frac{\pi\,\text{rad}}{180^\circ} = \left(x \cdot \frac{\pi}{\text{rad}}\right)\text{rad}$$

와 같이 호도로 나타낼 수 있으며, 호도법으로 표현된 각의 크기 $x\,\text{rad}$를

$$x\,\text{rad} = x\,\text{rad} \cdot 1 = x\,\text{rad} \cdot \frac{180^\circ}{\pi\,\text{rad}} = \left(x \cdot \frac{180}{\pi}\right)^\circ$$

와 같이 육십분법으로 나타낼 수 있다.

예제 3.1. 다음 값을 구하여라.

(가) $45^\circ = (\qquad)\,\text{rad}$, (나) $60^\circ = (\qquad)\,\text{rad}$,

(다) $\frac{\pi}{6}\,\text{rad} = (\qquad)^\circ$, (라) $\frac{\pi}{2}\,\text{rad} = (\qquad)^\circ$.

풀이. (가) $45^\circ = 45^\circ \cdot \frac{\pi\,\text{rad}}{180^\circ} = \frac{\pi}{4}\,\text{rad}$.

(나) $60^\circ = 60^\circ \cdot 1 = 60^\circ \cdot \frac{\pi\,\text{rad}}{180^\circ} = \frac{\pi}{3}\,\text{rad}$.

(다) $\frac{\pi}{6}\,\text{rad} = \frac{\pi}{6}\,\text{rad} \cdot \frac{180^\circ}{\pi\,\text{rad}} = 30^\circ$.

(라) $\frac{\pi}{2}\,\text{rad} = \frac{\pi}{2}\,\text{rad} \cdot \frac{180^\circ}{\pi\,\text{rad}} = 90^\circ$. □

각의 크기를 육십분법보다는 호도법으로 나타내는 것이 수식을 단순화시키므로, 앞으로 특별한 경우를 제외하고는 각의 크기를 호도법으로 나타내기로 한다. 각의 단위인 rad는 생략하는 경우가 많다.

$\angle AOB$의 크기가 될 수 있는 수는 무수히 많다. 만약 $\angle AOB$의 크기가 α일 때, 정수 n에 대하여 끝변 $\overrightarrow{OB}$가 꼭짓점 O를 중심으로 반시계방향으로 n번 더 회전하면 끝변

$\overrightarrow{OB}$가 원래의 위치로 돌아오므로 이때 만들어지는 각은 원래의 $\angle AOB$이다. $\angle AOB$의 크기가 α일 때, 임의의 정수 n에 대한 크기

$$\alpha + 2\pi \cdot n$$

을 $\angle AOB$의 **일반각의 크기**라고 한다.

예제 3.2. 다음 크기의 각에 대한 일반각의 크기를 구하여라.

(가) $45°$, (나) $390°$, (다) $-\frac{\pi}{6}$, (라) $\frac{10}{3}\pi$.

풀이. (가) $45° + 360° \cdot n$. (나) $60° + 360° \cdot n$.

(다) $\frac{11}{6}\pi + 2\pi \cdot n$. (라) $\frac{4}{3}\pi + 2\pi \cdot n$. □

연습문제 3.1

1. 다음 각의 크기를 구하여라.

   (가) $210° = (\quad)\,\text{rad}$, (나) $120° = (\quad)\,\text{rad}$,

   (다) $\frac{5}{6}\pi\,\text{rad} = (\quad)°$, (라) $\frac{5}{2}\pi\,\text{rad} = (\quad)°$.

2. 다음 크기의 각을 일반각의 크기의 꼴 $\alpha + 2\pi \cdot n$ $(-\pi < \alpha \le \pi)$로 나타내어라.

   (가) $\frac{7}{3}\pi$, (나) 3π, (다) $-\frac{7}{6}\pi$, (라) $\frac{11}{3}\pi$.

3.2 삼각함수의 정의

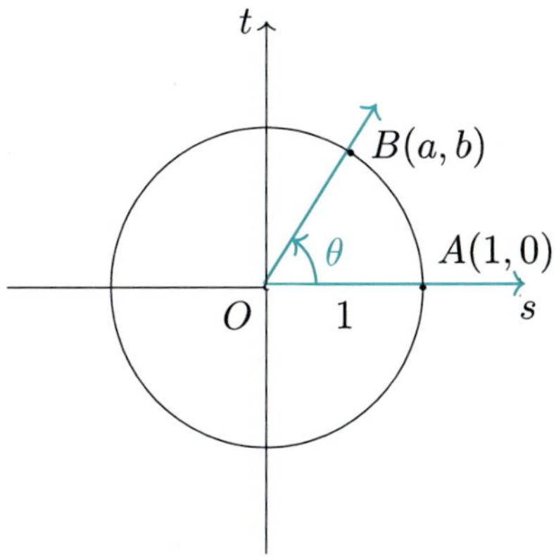

그림 3.3 코사인함수와 사인함수의 정의

각의 크기를 정의역으로 하는 삼각함수를 정의하자. 그림 3.3와 같이, st-직각좌표가 주어진 평면에 중심이 원점 O이고 반지름이 1인 원을 그리자. 꼭짓점이 원점 O이고 시작변이 양의 s-축일 때 시작변을 반시계방향으로 θ 호도만큼 회전한 끝변을 $\overrightarrow{OB}$로 놓자. 이때 점 B는 중심이 O이고 반지름이 1인 원에 놓자. 점 B의 좌표가 (a, b)일 때, 코사인함수 $f(\theta) = \cos\theta$를 점 B의 s-좌표로 정의하고 사인함수 $g(\theta) = \sin\theta$를 점 B의 t-좌표로 정의한다. 즉,

$$\cos\theta = a, \qquad \sin\theta = b$$

로 정의한다.

코사인함수와 사인함수의 정의에 따라서, 임의의 각의 크기 θ에 대하여

$$\cos^2\theta + \sin^2\theta = 1$$

임을 알 수 있다.

예제 3.3. 다음 값을 구하여라.

(가) $\sin\pi/6$, (나) $\sin\pi/4$, (다) $\sin\pi/3$,

(라) $\cos\pi/6$, (마) $\cos\pi/4$, (바) $\cos\pi/3$.

풀이. (가) $\sin\pi/6$의 값을 구하기 위하여, 아래의 그림과 같이, 변의 길이가 1인 정삼각형을 한 꼭지점과 대응변의 중점을 연결한 선분으로 잘라서 만든 직각삼각형을 생각한다. 이 직각삼각형에서 사인은 빗변의 길이분의 높이이므로 $\sin\pi/6 = 1/2$이다.

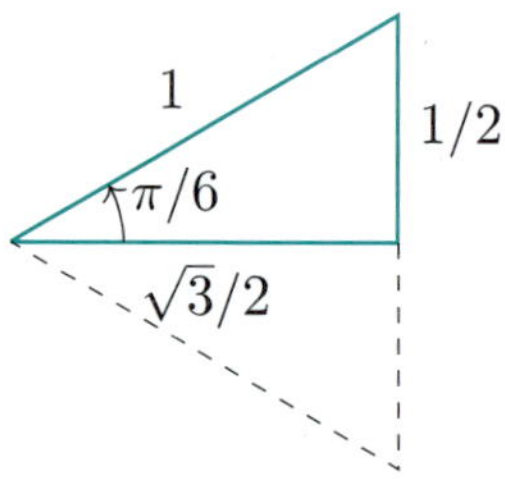

(나) 빗변의 길이가 1이고 한 각이 $\pi/4$인 직각삼각형을 생각하면 밑변의 길이는 $\sqrt{2}/2$이다. 따라서 $\sin\pi/4 = \sqrt{2}/2$이다.

(다) (가)에서의 그림으로부터 $\sin\pi/3 = \sqrt{3}/2$이다.

(라) (가)에서의 그림으로부터 $\cos\pi/6 = \sqrt{3}/2$이다.

(마) (다)로부터 $\cos\pi/4 = \sqrt{2}/2$이다.

(바) (가)에서의 그림으로부터 $\cos\pi/3 = 1/2$이다. □

코사인함수의 정의에 따라서 그림 3.4와 같이 코사인함수의 그래프를 그릴 수 있다. 이때, 코사인함수는 각의 크기에 대응하는 단위원에 놓인 점의 s-좌표이므로, 이 좌표를 y-축으로 나타내기 위하여 단위원의 그래프를 반시계방향으로 $\pi/2$만큼 회전한 후에 코사인함수의 그래프를 그린다.

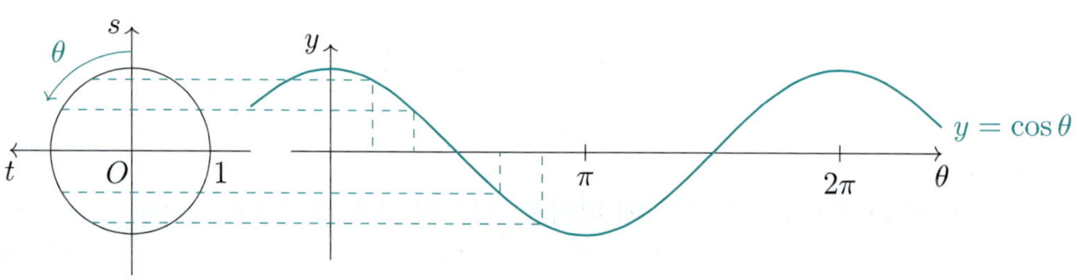

그림 3.4 $y = \cos\theta$의 그래프

사인함수의 그래프는 그림 3.5와 같다.

함수 f에 대하여,

$$\text{정의역에 속하는 모든 } x\text{에 대하여 } f(x+p) = f(x)$$

인 0이 아닌 상수 p가 존재하면 f는 **주기함수**라고 하고, 그러한 상수 p 중에서 최소인 양의 실수를 그 함수의 **주기**라고 한다.

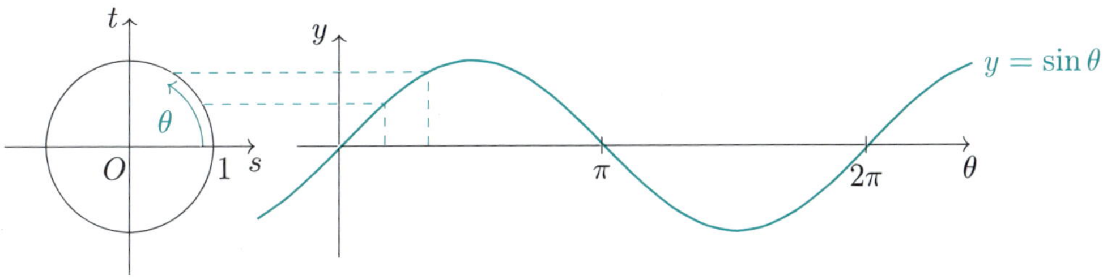

그림 3.5 $y = \sin\theta$의 그래프

코사인함수와 사인함수의 기본성질을 다음과 같이 정리할 수 있다.

정리 3.1: 코사인함수와 사인함수의 기본성질

코사인함수 $\cos\theta$와 사인함수 $\sin\theta$에 대하여 다음이 성립한다.

(가) 코사인함수 $\cos\theta$와 사인함수 $\sin\theta$의 정의역은 실수 전체의 집합이고, 치역은 $[-1, 1]$이다.

(나) 코사인함수 $\cos\theta$와 사인함수 $\sin\theta$는 주기가 2π인 주기함수이다.

(다) 코사인함수의 그래프 $y = \cos\theta$는 y-축에 대하여 대칭이고, 사인함수의 그래프 $y = \sin\theta$는 원점에 대하여 대칭이다.

예제 3.4. 함수 $f(\theta) = 2\sin(3\theta)$의 그래프를 그리고, 그 주기를 구하여라.

풀이. 함수 $f(\theta) = 2\sin(3\theta)$은 주기는 $2\pi/3$이고, 이 함수의 그래프는 $y = \sin(3\theta)$을 y-축 방향으로 2배 확대한 것이다. 따라서 함수의 그래프 $y = 2\sin(3\theta)$의 그래프는 아래 그림의 굵은 선과 같다.

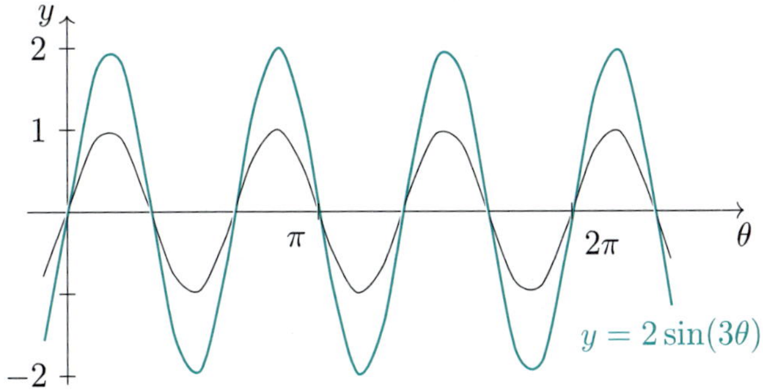

□

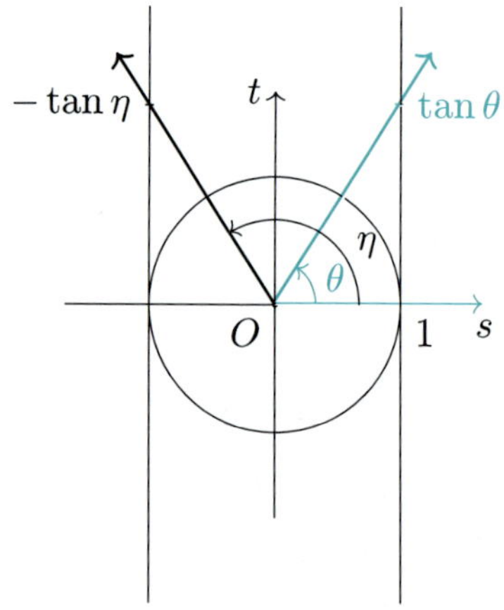

그림 3.6 탄젠트함수의 정의

탄젠트함수 $f(\theta) = \tan\theta$는

$$\tan\theta = \frac{\sin\theta}{\cos\theta}$$

로 정의한다. 그림 3.6에서와 같이, 만약 θ가 1사분면이나 4사분면에 놓여 있으면 점 $(1, 0)$을 지나고 t-축에 평행한 수직선을 그려 놓으면 θ에 대한 반직선이 이 수직선과 만나는 점의 t-좌표가 $\tan\theta$이고, 만약 θ가 2사분면이나 3사분면에 놓여 있으면 점 $(-1, 0)$을 지나고 t-축에 평행한 수직선을 그려 놓으면 η에 대한 반직선이 이 수직선과 만나는 점의 t-좌표가 $-\tan\eta$이다.

탄젠트함수의 그래프 $y = \tan\theta$는 그림 3.7와 같다.

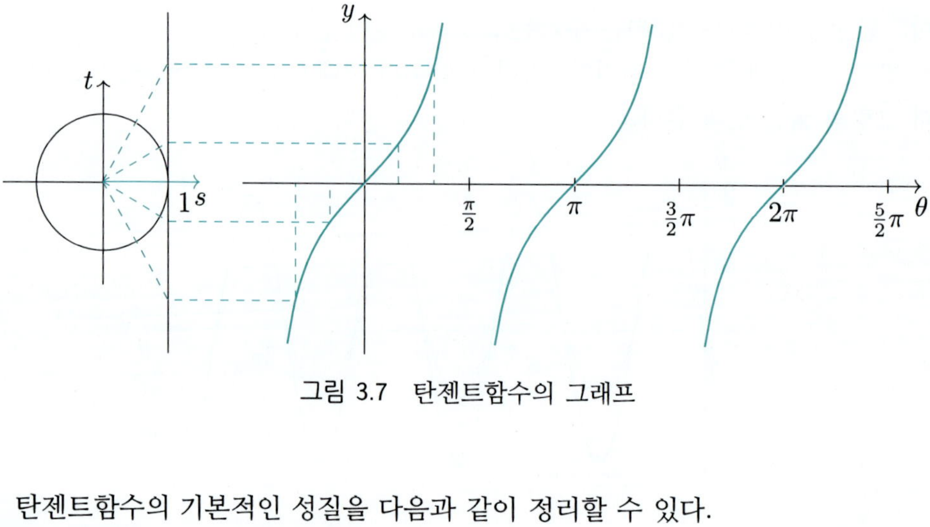

그림 3.7 탄젠트함수의 그래프

탄젠트함수의 기본적인 성질을 다음과 같이 정리할 수 있다.

정리 3.2: 탄젠트함수의 기본성질

탄젠트함수 $\tan\theta$에 대하여, 다음이 성립한다.

(가) 탄젠트함수 $\tan\theta$의 정의역은 $n\pi+\pi/2$(단, n은 정수)를 제외한 실수 전체의 집합이고, 치역은 실수 전체의 집합이다.

(나) 탄젠트함수의 그래프 $y=\tan\theta$는 원점에 대하여 대칭이다.

(다) 탄젠트함수 $\tan\theta$는 주기가 π인 주기함수이다.

(라) 직선 $x=n\pi+\pi/2$(단, n은 정수)는 탄젠트함수의 그래프 $y=\tan\theta$의 점근선이다.

예제 3.5. 함수 $f(\theta)=\tan(2\theta-\pi/4)$의 주기를 구하여라.

풀이. 함수 $g(\theta)=\tan(a\theta+b)$의 주기는 $\pi/|a|$이므로, 함수 f의 주기는

$$\frac{\pi}{|2|}=\frac{\pi}{2}$$

이다. □

예제 3.6. $\theta=\pi/3$일 때, $\cos\theta$와 $\sin\theta$와 $\tan\theta$를 구하여라.

풀이. 중심이 원점인 단위원에 대하여, 각의 크기 $\pi/3$에 대한 끝변 $\overrightarrow{OB}$의 점 B가 단위원에 놓여 있으면 점 B의 좌표는 $(1/2,\sqrt{3}/2)$이다. 따라서,

$$\cos\frac{\pi}{3}=\frac{1}{2},\qquad \sin\frac{\pi}{3}=\frac{\sqrt{3}}{2},\qquad \tan\frac{\pi}{3}=\sqrt{3}$$

이다. □

곱셈에 대한 역원을 이용하여, 시컨트함수 $\sec\theta$와 코시컨트함수 $\csc\theta$와 코탄젠트함수 $\cot\theta$를

$$\sec\theta=\frac{1}{\cos\theta},\qquad \csc\theta=\frac{1}{\sin\theta},\qquad \cot\theta=\frac{1}{\tan\theta}$$

로 정의한다.

임의의 각의 크기 θ에 대한 등식 $\cos^2\theta + \sin^2\theta = 1$에서 양변을 $\cos^2\theta$로 나누면

$$1 + \tan^2\theta = \sec^2\theta$$

이고 양변을 $\sin^2\theta$로 나누면

$$\cot^2\theta + 1 = \csc^2\theta$$

이다.

예제 3.7. $\sin\theta = 1/3$일 때, $\cos\theta$와 $\tan\theta$의 값을 각각 구하여라.

풀이. 등식 $\sin^2\theta + \cos^2\theta = 1$로부터

$$\cos^2\theta = 1 - \sin^2\theta = 1 - \left(\frac{1}{3}\right)^2 = \frac{8}{9}$$

이다. $\sin\theta = 1/3 > 0$이므로, θ는 1사분면 또는 2사분면의 각의 크기이다.

θ가 1사분면의 각의 크일 때, $\cos\theta > 0$이고 $\tan\theta > 0$이므로

$$\cos\theta = \frac{2\sqrt{2}}{3}, \qquad \tan\theta = \frac{\sin\theta}{\cos\theta} = \frac{1}{2\sqrt{2}}$$

이다.

θ가 2사분면의 각일 때, $\cos\theta < 0$이고 $\tan\theta < 0$이므로

$$\cos\theta = -\frac{2\sqrt{2}}{3}, \qquad \tan\theta = \frac{\sin\theta}{\cos\theta} = -\frac{1}{2\sqrt{2}}$$

이다. □

예제 3.8. $\sin\theta + \cos\theta = 1$일 때, $\sin\theta\cos\theta$의 값을 구하여라.

풀이. $\sin\theta + \cos\theta = 1$의 양변을 제곱하면

$$\sin^2\theta + 2\sin\theta\cos\theta + \cos^2\theta = 1$$

이다. 여기서 $\sin^2\theta + \cos^2\theta = 1$이므로, $\sin\theta\cos\theta = 0$이다. □

예제 3.9. 다음 삼각함수의 값을 구하여라.

(가) $\cos\left(-\frac{11}{3}\pi\right)$, (나) $\sin\left(-\frac{21}{4}\pi\right)$, (다) $\tan 600°$.

풀이. (가) $\cos\left(-\frac{11}{3}\pi\right) = \cos\left(2\pi\cdot(-2)+\frac{\pi}{3}\right) = \cos\frac{\pi}{3} = \frac{1}{2}$.

(나) $\sin\left(-\frac{21}{4}\pi\right) = \sin\left(2\pi\cdot(-3)+\frac{3\pi}{4}\right) = \sin\frac{3\pi}{4} = \frac{\sqrt{2}}{2}$.

(다) $\tan 600° = \tan(360°+240°) = \tan 240° = \sqrt{3}$. □

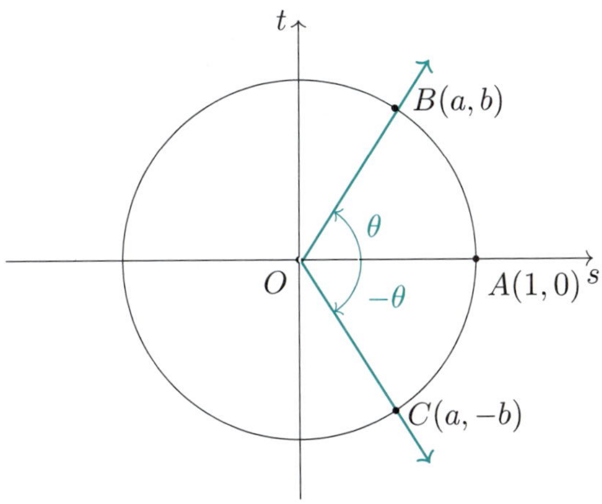

그림 3.8 s-축에 대한 반전에 따른 삼각함수의 변화

정리 3.3: s-축에 대한 반전에 따른 삼각함수의 변화

각의 크기 θ에 대하여,

$$\cos(-\theta) = \cos\theta, \qquad \sin(-\theta) = -\sin\theta, \qquad \tan(-\theta) = -\tan\theta$$

이다.

증명. 그림 3.8에서와 같이, 각의 크기 θ에 대한 단위원의 교점을 $B(a,b)$라고 놓고 각의 크기 $-\theta$에 대한 단위원의 교점을 C라고 놓으면 C의 좌표는 $(a,-b)$이다. 그런데, $\cos\theta = a$이고 $\sin\theta = b$이므로

$$\sin(-\theta) = -b = -\sin\theta, \qquad \cos(-\theta) = a = \cos\theta$$

이고

$$\tan(-\theta) = \frac{-b}{a} = \frac{-\sin\theta}{\cos\theta} = -\tan\theta$$

이다. □

예제 3.10. 다음을 계산하여라.

(가) $\cos(-30°)$, (나) $\sin(-45°)$, (다) $\tan(-60°)$.

풀이. (가) $\cos(-30°) = \cos(30°) = \frac{\sqrt{3}}{2}$.

(나) $\sin(-45°) = -\sin 45° = -\frac{\sqrt{2}}{2}$.

(다) $\tan(-60°) = -\tan 60° = -\sqrt{3}$. □

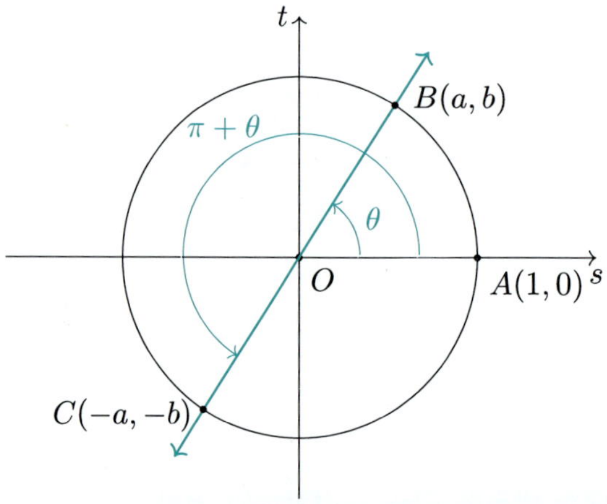

그림 3.9 π 회전에 따른 삼각함수의 변화

정리 3.4: π 회전에 따른 삼각함수의 변화

각의 크기 θ에 대하여,

$$\cos(\pi+\theta) = -\cos\theta, \qquad \sin(\pi+\theta) = -\sin\theta, \qquad \tan(\pi+\theta) = \tan\theta$$

이다.

증명. 그림 3.9에서와 같이, 각의 크기 θ에 대한 단위원의 교점을 $B(a,b)$라고 놓고 각의 크기 $\pi+\theta$에 대한 단위원의 교점을 C라고 놓으면 C의 좌표는 $(-a,-b)$이다. 그런데, $\cos\theta = a$이고 $\sin\theta = b$이므로

$$\cos(\pi+\theta) = -a = -\cos\theta, \qquad \sin(\pi+\theta) = -b = -\sin\theta$$

이고

$$\tan(\pi+\theta) = \frac{-b}{-a} = \frac{b}{a} = \tan\theta$$

이다. □

> **예제 3.11.** 다음을 계산하여라.
>
> (가) $\cos\left(-\frac{3}{4}\pi\right)$, (나) $\sin 240°$, (다) $\tan 225°$.

풀이. (가) $\cos\left(-\frac{3}{4}\pi\right) = \cos\frac{3\pi}{4} = \cos\left(\pi - \frac{\pi}{4}\right) = -\cos\left(-\frac{\pi}{4}\right) = -\cos\left(\frac{\pi}{4}\right) = -\frac{\sqrt{2}}{2}$.

(나) $\sin 240° = \sin(180° + 60°) = -\sin 60° = -\frac{\sqrt{3}}{2}$.

(다) $\tan 225° = \tan(180° + 45°) = \tan 45° = 1$. □

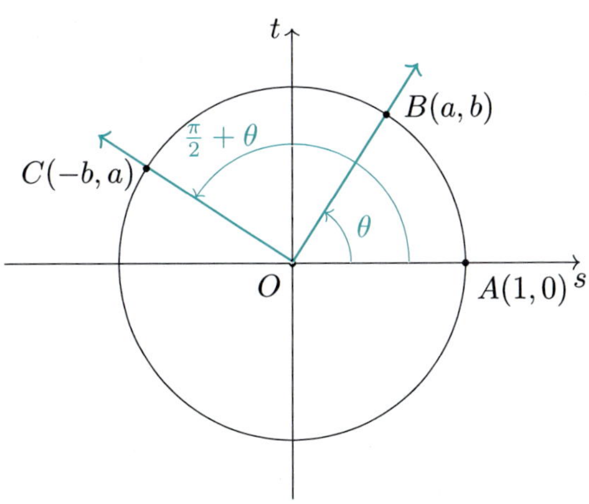

그림 3.10 $\pi/2$ 회전에 따른 삼각함수의 변화

정리 3.5: $\pi/2$ 회전에 따른 삼각함수의 변화

각의 크기 θ에 대하여,

$$\cos\left(\frac{\pi}{2}+\theta\right) = -\sin\theta, \qquad \sin\left(\frac{\pi}{2}+\theta\right) = \cos\theta, \qquad \tan\left(\frac{\pi}{2}+\theta\right) = -\cot\theta$$

이다.

증명. 그림 3.10에서와 같이, 각의 크기 θ에 대한 단위원의 교점을 $B(a, b)$라고 놓고 각의 크기 $\pi/2+\theta$에 대한 단위원의 교점을 C라고 놓으면 C의 좌표는 $(-b, a)$이다. 그런데, $\cos\theta = a$이고 $\sin\theta = b$이므로

$$\cos\left(\frac{\pi}{2}+\theta\right) = -b = -\sin\theta, \qquad \sin\left(\frac{\pi}{2}+\theta\right) = a = \cos\theta$$

이고

$$\tan\left(\frac{\pi}{2}+\theta\right) = \frac{a}{-b} = -\cot\theta$$

이다. □

예제 3.12. 다음을 계산하여라.

(가) $\cos 120°$, (나) $\sin 135°$, (다) $\tan 150°$.

풀이. (가) $\cos 120° = \cos(90° + 30°) = -\sin 30° = -\frac{1}{2}$.

(나) $\sin 135° = \sin(90° + 45°) = \cos 45° = \frac{\sqrt{2}}{2}$.

(다) $\tan 150° = \tan(90° + 60°) = -\cot 60° = -\frac{1}{\sqrt{3}}$. □

연습문제 3.2

1. $\theta = \pi/6$일 때, $\sin\theta$와 $\cos\theta$와 $\tan\theta$의 값을 구하여라.
2. $\sin\theta = 4/5$일 때, $\cos\theta$와 $\tan\theta$의 값을 구하여라.
3. $\sin\theta + \cos\theta = 1/3$일 때, 다음 식의 값을 구하여라.

   (가) $\sin\theta \cdot \cos\theta$, (나) $\sin\theta - \cos\theta$, (다) $\sin^3\theta + \cos^3\theta$.

4. 다음 값을 구하여라.

(가) $\cos 390°$, (나) $\sin 225°$, (다) $\tan 765°$,

(라) $\cos\left(\dfrac{23}{6}\pi\right)$, (마) $\sin\dfrac{19}{3}\pi$, (바) $\tan\left(\dfrac{13}{6}\pi\right)$.

5. 다음 식의 값을 구하여라.

(가) $\sin 150° + \cos 330°$, (나) $\sin 120° - \cos 480°$.

6. 다음 함수의 그래프를 그리고 그 주기를 구하여라.

(가) $y = \cos\left(2\theta + \dfrac{\pi}{3}\right)$, (나) $y = 3\sin\left(\theta - \dfrac{\pi}{3}\right)$,

(다) $y = 2\cos\left(\theta + \dfrac{\pi}{6}\right)$, (라) $y = 2\tan\left(\dfrac{\theta}{2} - \dfrac{\pi}{4}\right)$.

3.3 삼각함수에 대한 여러 공식

삼각함수에 대한 여러 공식들을 알아보자.

3.3.1 삼각함수에 대한 덧셈정리

먼저 삼각함수에 대한 덧셈정리에 대하여 알아보자.

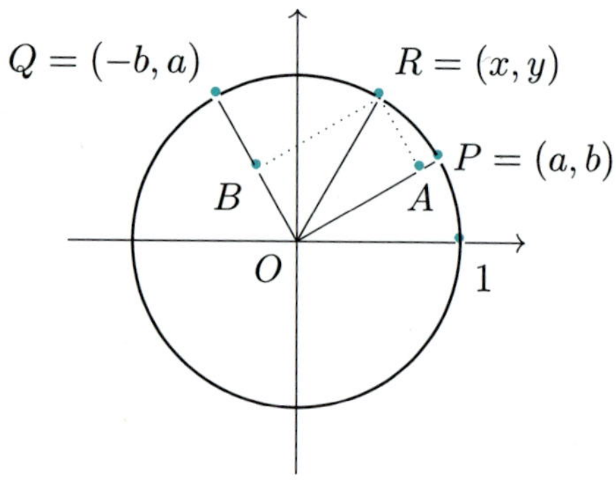

그림 3.11 사인함수와 코사인함수의 덧셈정리

정리 3.6: 삼각함수에 대한 덧셈정리

각의 크기 θ_1과 θ_2에 대하여,

$$\cos(\theta_1 + \theta_2) = \cos\theta_1 \cos\theta_2 - \sin\theta_1 \sin\theta_2,$$
$$\sin(\theta_1 + \theta_2) = \sin\theta_1 \cos\theta_2 + \cos\theta_1 \sin\theta_2$$

이다.

증명. 그림 3.11에서와 같이, 원점을 중심으로 반지름이 1인 단위원에서 θ_1과 $\theta_1 + \theta_2$에 대응하는 점을 각각 $P = (a, b)$와 $R = (x, y)$로 놓자. 점 P를 $\pi/2$만큼 회전한 점을 Q로 놓으면 $Q = (-b, a)$이다.

점 R을 직선 OP와 OQ에 사영시킨 점을 각각 A와 B로 놓자. 그러면,

$$A = (\cos\theta_2 \cdot a,\ \cos\theta_2 \cdot b), \quad B = (-\sin\theta_2 \cdot b,\ \sin\theta_2 \cdot a)$$

이므로,

$$R = A + B = (\cos\theta_2 \cdot a - \sin\theta_2 \cdot b,\ \cos\theta_2 \cdot b + \sin\theta_2 \cdot a)$$

이다. 그런데 $R = (\cos(\theta_1+\theta_2), \sin(\theta_1+\theta_2))$이고 $(a, b) = P = (\cos\theta_1, \sin\theta_1)$이므로, 정리가 증명된다. □

정리 3.3와 정리 3.6에 따라서, 각의 크기 θ_1과 θ_2에 대하여

$$\cos(\theta_1 - \theta_2) = \cos\theta_1 \cos\theta_2 + \sin\theta_1 \sin\theta_2,$$
$$\sin(\theta_1 - \theta_2) = \sin\theta_1 \cos\theta_2 - \cos\theta_1 \sin\theta_2$$

이다.

사인함수와 코사인함수에 대한 덧셈정리를 이용하면 다음과 같이 탄젠트함수에 대한 덧셈정리를 구할 수 있다.

정리 3.7: 탄젠트함수에 대한 덧셈정리

각의 크기 α와 β에 대하여, α와 β와 $\alpha+\beta$가 모두 $\tan\theta$의 정의역에 존재하면

$$\tan(\alpha+\beta) = \frac{\tan\alpha + \tan\beta}{1 - \tan\alpha\tan\beta}, \qquad \tan(\alpha-\beta) = \frac{\tan\alpha - \tan\beta}{1 + \tan\alpha\tan\beta}$$

이다.

증명. 삼각함수의 덧셈정리로부터,

$$\tan(\alpha+\beta) = \frac{\sin(\alpha+\beta)}{\cos(\alpha+\beta)} = \frac{\sin\alpha\cos\beta + \cos\alpha\sin\beta}{\cos\alpha\cos\beta - \sin\alpha\sin\beta}$$

이다. 위 등식의 우변의 분자와 분모를 각각 $\cos\alpha\cos\beta$로 나누면

$$\tan(\alpha+\beta) = \frac{\tan\alpha + \tan\beta}{1 - \tan\alpha\tan\beta}$$

이다. 또한 위의 등식에서 β 대신에 $-\beta$를 대입하면

$$\tan(\alpha-\beta) = \frac{\tan\alpha + \tan(-\beta)}{1 - \tan\alpha\tan(-\beta)} = \frac{\tan\alpha - \tan\beta}{1 + \tan\alpha\tan\beta}$$

이다. □

예제 3.13. 다음 삼각함수의 값을 구하여라.

(가) $\cos 15°$, (나) $\sin 15°$, (다) $\tan 15°$,
(라) $\cos 75°$, (마) $\sin 75°$, (바) $\tan 75°$.

풀이. (가) $\cos 15° = \cos(45° - 30°) = \cos 45° \cos 30° + \sin 45° \sin 30°$이므로

$$\cos 15° = \frac{\sqrt{2}}{2} \cdot \frac{\sqrt{3}}{2} + \frac{\sqrt{2}}{2} \cdot \frac{1}{2} = \frac{\sqrt{6} + \sqrt{2}}{4}$$

이다.

(나) $\sin 15° = \sin(45° - 30°) = \sin 45° \cos 30° - \cos 45° \sin 30°$이므로

$$\sin 15° = \frac{\sqrt{2}}{2} \cdot \frac{\sqrt{3}}{2} - \frac{\sqrt{2}}{2} \cdot \frac{1}{2} = \frac{\sqrt{6} - \sqrt{2}}{4}$$

이다.

(다) $\tan 15° = \tan(45° - 30°) = \dfrac{\tan 45° - \tan 30°}{1 + \tan 45° \tan 30°} = 2 + \sqrt{3}.$

(라) $\cos 75° = \cos(45° + 30°) = \cos 45° \cos 30° - \sin 45° \sin 30°$이므로

$$\cos 75° = \frac{\sqrt{2}}{2} \cdot \frac{\sqrt{3}}{2} - \frac{\sqrt{2}}{2} \cdot \frac{1}{2} = \frac{\sqrt{6} - \sqrt{2}}{4}$$

이다.

(마) $\sin 75° = \sin(45° + 30°) = \sin 45° \cos 30° + \cos 45° \sin 30°$이므로

$$\sin 75° = \frac{\sqrt{2}}{2} \cdot \frac{\sqrt{3}}{2} + \frac{\sqrt{2}}{2} \cdot \frac{1}{2} = \frac{\sqrt{6} + \sqrt{2}}{4}$$

이다.

(바) $\tan 75° = \tan(45° + 30°) = \dfrac{\tan 45° + \tan 30°}{1 - \tan 45° \tan 30°} = 2 - \sqrt{3}.$ □

3.3.2 삼각함수에 대한 배각의 공식과 반각의 공식

삼각함수에 대한 합의 공식을 나타낸 정리 3.6와 정리 3.7에서 $\theta = \theta_1 = \theta_2$로 놓으면, 다음의 삼각함수에 대한 배각의 공식이 성립함을 알 수 있다.

따름정리 3.8: 삼각함수에 대한 배각의 공식

각의 크기 θ에 대하여,

$$\cos 2\theta = \cos^2\theta - \sin^2\theta, \qquad \sin 2\theta = 2\sin\theta\cos\theta, \qquad \tan(2\theta) = \frac{2\tan\theta}{1-\tan^2\theta}$$

이다.

예제 3.14. $\pi/2 < \alpha < \pi$에서 $\cos\alpha = -4/5$일 때, 다음 값을 구하여라.

(가) $\cos(2\alpha)$, (나) $\sin(2\alpha)$, (다) $\tan(2\alpha)$.

풀이. $\pi/2 < \alpha < \pi$이므로 $\sin\alpha = 3/5$이고 $\tan\alpha = -3/4$이다. 따라서,

(가) $\sin(2\alpha) = 2\sin\alpha\cos\alpha = -\dfrac{24}{25}$,

(나) $\cos(2\alpha) = \cos^2\alpha - \sin^2\alpha = \dfrac{16-9}{25} = \dfrac{7}{25}$,

(다) $\tan(2\alpha) = \dfrac{2\tan\alpha}{1-\tan^2\alpha} = \dfrac{-\frac{3}{2}}{1-\frac{9}{16}} = -\dfrac{24}{7}$

이다. □

코사인함수와 사인함수의 정의에 따라서 $\cos^2\theta + \sin^2\theta = 1$이고 따름정리 3.8에 따라서 $\cos^2\theta - \sin^2\theta = \cos 2\theta$이므로, 삼각함수에 대한 반각의 공식이 성립한다.

따름정리 3.9: 삼각함수에 대한 반각의 공식

각의 크기 θ에 대하여,

$$\cos^2\theta = \frac{1+\cos 2\theta}{2}, \qquad \sin^2\theta = \frac{1-\cos 2\theta}{2}$$

이다. 또한 θ가 탄젠트함수 $\tan\theta$의 정의역에 존재하면

$$\tan^2\theta = \frac{1-\cos 2\theta}{1+\cos 2\theta}$$

이다.

증명. 공식 $\cos 2\theta = \cos^2\theta - \sin^2\theta$와 공식 $\sin^2\theta + \cos^2\theta = 1$로부터

$$\sin^2\theta = \frac{1-\cos 2\theta}{2}, \qquad \cos^2\theta = \frac{1+\cos 2\theta}{2}$$

이다. 그리고 위의 식으로부터

$$\tan^2\theta = \frac{\sin^2\theta}{\cos^2\theta} = \frac{1-\cos 2\theta}{1+\cos 2\theta}$$

이다. □

예제 3.15. 다음 삼각함수의 값을 구하여라.

(가) $\cos 67.5^\circ$, (나) $\sin 67.5^\circ$, (다) $\tan 67.5^\circ$.

풀이. (가) 코사인함수에 대한 반각의 공식에 따라서

$$\cos^2 67.5^\circ = \frac{1+\cos 135^\circ}{2} = \frac{2-\sqrt{2}}{4}$$

이고 $\cos 67.5^\circ$는 양수이므로 $\cos 67.5^\circ = \sqrt{2-\sqrt{2}}/2$이다.

(나) 사인함수에 대한 반각의 공식에 따라서

$$\sin^2 67.5^\circ = \frac{1-\cos 135^\circ}{2} = \frac{2+\sqrt{2}}{4}$$

이고 $\sin 67.5^\circ$는 양수이므로 $\sin 67.5^\circ = \sqrt{2+\sqrt{2}}/2$이다.

(다) 탄젠트함수에 대한 반각의 공식에 따라서

$$\tan^2 67.5^\circ = \frac{1-\cos 135^\circ}{1+\cos 135^\circ} = \frac{1+\sqrt{2}/2}{1-\sqrt{2}/2} = \frac{2+\sqrt{2}}{2-\sqrt{2}} = 3+2\sqrt{2}$$

이고 $\tan 67.5^\circ$는 양수이므로 $\tan 67.5^\circ = \sqrt{3+2\sqrt{2}} = \sqrt{2}+1$이다. □

3.3.3 삼각함수에 대한 곱의 공식과 합의 공식

삼각함수에 대한 덧셈정리를 이용하여 다음의 삼각함수에 대한 곱의 공식을 구한다.

정리 3.10: 삼각함수에 대한 곱의 공식

각의 크기 α와 β에 대하여,

(가) $\sin\alpha\cos\beta = \dfrac{\sin(\alpha+\beta)+\sin(\alpha-\beta)}{2}$,

(나) $\cos\alpha\sin\beta = \dfrac{\sin(\alpha+\beta)-\sin(\alpha-\beta)}{2}$,

(다) $\cos\alpha\cos\beta = \dfrac{\cos(\alpha+\beta)+\cos(\alpha-\beta)}{2}$,

(라) $\sin\alpha\sin\beta = -\dfrac{\cos(\alpha+\beta)-\cos(\alpha-\beta)}{2}$

이다.

증명. (가) 등식

$$\sin(\alpha+\beta) = \sin\alpha\cos\beta + \cos\alpha\sin\beta$$

와

$$\sin(\alpha-\beta) = \sin\alpha\cos\beta - \cos\alpha\sin\beta$$

의 양변을 더하면 $\sin(\alpha+\beta)+\sin(\alpha-\beta) = 2\sin\alpha\cos\beta$이므로

$$\sin\alpha\cos\beta = \frac{\sin(\alpha+\beta)+\sin(\alpha-\beta)}{2}$$

이다.

(나)와 (다)와 (라)도 같은 방식으로 등식을 구할 수 있다. □

예제 3.16. 다음 식의 값을 구하여라.

(가) $\cos 45^\circ \sin 15^\circ$,　　(나) $\cos 52.5^\circ \cos 7.5^\circ$.

풀이. (가) 삼각함수의 곱의 공식에 따라서

$$\begin{aligned}\cos 45^\circ \sin 15^\circ &= \frac{\sin(45^\circ+15^\circ)-\sin(45^\circ-15^\circ)}{2}\\ &= \frac{\sin 60^\circ - \sin 30^\circ}{2}\\ &= \frac{\sqrt{3}-1}{4}\end{aligned}$$

이다.

(나) 삼각함수의 곱의 공식에 따라서

$$
\begin{aligned}
\cos 52.5^\circ \cos 7.5^\circ &= \frac{\cos(52.5^\circ + 7.5^\circ) + \cos(52.5^\circ - 7.5^\circ)}{2} \\
&= \frac{\cos 60^\circ + \cos 45^\circ}{2} \\
&= \frac{1+\sqrt{2}}{4}
\end{aligned}
$$

이다. □

정리 3.10에서 $\alpha + \beta = A$와 $\alpha - \beta = B$로 놓으면, 다음의 삼각함수에 대한 합의 공식을 구할 수 있다.

정리 3.11: 삼각함수에 대한 합의 공식

각의 크기 A와 B에 대하여,

(가) $\sin A + \sin B = 2\sin\dfrac{A+B}{2}\cos\dfrac{A-B}{2}$,

(나) $\sin A - \sin B = 2\ \cos\dfrac{A+B}{2}\sin\dfrac{A-B}{2}$,

(다) $\cos A + \cos B = 2\cos\dfrac{A+B}{2}\cos\dfrac{A-B}{2}$,

(라) $\cos A - \cos B = -2\sin\dfrac{A+B}{2}\sin\dfrac{A-B}{2}$

이다.

예제 3.17. 다음 식의 값을 구하여라.

(가) $\cos 75^\circ + \cos 15^\circ$, (나) $\sin 130^\circ - \sin 110^\circ + \sin 10^\circ$.

풀이. (가) 삼각함수의 합의 공식에 따라서

$$\cos 75^\circ + \cos 15^\circ = 2\cos 45^\circ \cos 30^\circ = \frac{\sqrt{6}}{2}$$

이다.

(나) 삼각함수의 합의 공식에 따라서

$$\begin{aligned}\sin 130^\circ - \sin 110^\circ + \sin 10^\circ &= 2\cos 120^\circ \sin 10^\circ + \sin 10^\circ \\ &= -\sin 10^\circ + \sin 10^\circ \\ &= 0\end{aligned}$$

이다. □

연습문제 3.3

1. 반각의 공식을 이용하여 다음 삼각함수의 값을 구하여라.

(가) $\cos\frac{\pi}{12}$, (나) $\sin\frac{\pi}{12}$, (다) $\cos\frac{\pi}{8}$, (라) $\sin\frac{\pi}{8}$.

2. $\pi/2 < \theta < \pi$에서 $\sin\theta = 5/13$일 때, 다음 삼각함수의 값을 구하여라.

(가) $\cos\frac{\theta}{2}$, (나) $\sin\frac{\theta}{2}$, (다) $\tan\frac{\theta}{2}$.

3. 다음 식의 값을 구하여라.

(가) $\sin 52.5^\circ \cos 7.5^\circ$, (나) $\sin 75^\circ + \sin 15^\circ$,

(다) $\cos 105^\circ + \cos 15^\circ$, (라) $\cos 10^\circ \cos 50^\circ \cos 70^\circ$,

(마) $\sin 80^\circ - \sin 140^\circ - \sin 20^\circ$.

4. 다음 등식이 성립함을 증명하여라.

(가) $\dfrac{\sin 2\theta}{\sin\theta} - \dfrac{\cos 2\theta}{\cos\theta} = \dfrac{1}{\cos\theta}$, (나) $\dfrac{\sin\theta + \sin 2\theta}{1 + \cos\theta + \cos 2\theta} = \tan\theta$.

제 4 장

지수함수와 로그함수

이 장에서는 지수함수와 로그함수를 살펴본다. 자연이나 사회에서 일어나는 많은 현상의 변화는 주어진 상태에 따라서 결정되는 경우가 많은데 이런 경우에 지수함수와 로그함수는 매우 유용하다. 거듭제곱의 밑이 양의 실수일 때, 지수를 자연수에서 실수까지 확장하여 지수함수를 정의한다. 거듭제곱의 곱은 지수부분에서 합으로 나타나는데 이는 지수함수의 중요한 성질이다. 지수함수의 역함수로서 로그함수를 정의한다.

4.1 지수함수

4.1.1 자연수 지수에 대한 거듭제곱

실수 a에 대하여, $a \cdot a$를 a^2으로 나타내며 a의 **제곱**이라고 하고 $a \cdot a \cdot a$를 a^3으로 나타내며 a의 **세제곱**이라고 하고 $a \cdot a \cdot a \cdot a$를 a^4으로 나타내며 a의 **네제곱**이라고 한다. 일반적으로 자연수 n에 대하여, a가 n번 곱해진

$$\overbrace{a \cdot a \cdots a}^{n}$$

을 a^n으로 나타내며 a의 n**제곱**이라고 한다. a의 제곱, 세제곱, 네제곱 등을 통틀어 a의 **거듭제곱**[1]이라고 한다. a^n에서 a를 거듭제곱의 **밑**이라고 하고 n을 거듭제곱의 **지수**[2]라고 한다.

예제 4.1. 다음을 계산하여라.

(가) 2^3, (나) $(-3)^2$,
(다) $(-2)^4$, (라) 4^3.

풀이. (가) $2^3 = 2 \cdot 2 \cdot 2 = 8$.
(나) $(-3)^2 = (-3) \cdot (-3) = 9$.
(다) $(-2)^4 = (-2) \cdot (-2) \cdot (-2) \cdot (-2) = 16$.
(라) $4^3 = 4 \cdot 4 \cdot 4 = 64$. □

n제곱의 정의에 따라서 거듭제곱의 기본성질을 다음과 같이 정리한다.

정리 4.1: 자연수 지수에 대한 거듭제곱의 기본성질

실수 a, b와 자연수 m, n에 대하여,

(가) $a^m \cdot a^n = a^{m+n}$, $\dfrac{a^n}{a^m} = a^{n-m}$ (단, $m < n$이고 $a \neq 0$),

(나) $(ab)^n = a^n b^n$, $\left(\dfrac{a}{b}\right)^n = \dfrac{a^n}{b^n}$ (단, $b \neq 0$),

(다) $(a^n)^m = a^{nm}$

이다.

[1] 거듭제곱을 **누승** 또는 **멱**이라고도 한다.
[2] 지수를 **멱지수**라고도 한다.

예제 4.2. 실수 a에 대하여, a^2a^3과 $(a^3)^2$를 a의 거듭제곱으로 나타내어라.

풀이. 실수 a에 대하여,

$$a^2a^3 = (a \cdot a) \cdot (a \cdot a \cdot a) = a^5$$

이고

$$\left(a^3\right)^2 = a^3 \cdot a^3 = (a \cdot a \cdot a) \cdot (a \cdot a \cdot a) = a^6$$

이다. □

4.1.2 정수 지수에 대한 거듭제곱

영이 아닌 실수 a에 대하여, a의 n제곱 a^n에서 n을 정수로 확장할 수 있다. 자연수 n에 대하여,

$$a^n = a^{n+0} = a^n \cdot a^0$$

이 성립하기 위하여

$$a^0 = 1$$

로 정의한다. 음의 정수 n에 대하여, $m = -n$로 놓고 a^n을

$$a^n = \left(\frac{1}{a}\right)^m$$

로 정의한다. 그러면 거듭제곱의 기본성질을 다음과 같이 정리할 수 있다.

정리 4.2: 정수 지수에 대한 거듭제곱의 기본성질

실수 a, b와 정수 m, n에 대하여,

(가) $a^m \cdot a^n = a^{m+n}$, (나) $(ab)^n = a^n b^n$, (다) $(a^n)^m = a^{nm}$

이다.

예제 4.3. 영이 아닌 실수 a에 대하여, a^3a^{-2}과 $(a^3)^{-2}$을 a의 거듭제곱으로 나타내어라.

풀이. 영이 아닌 실수 a에 대하여,

$$a^3a^{-2} = (a \cdot a \cdot a) \cdot \left(\frac{1}{a} \cdot \frac{1}{a}\right) = a^1$$

이고

$$\left(a^3\right)^{-2} = \frac{1}{a^3} \cdot \frac{1}{a^3} = \frac{1}{a^6} = a^{-6}$$

이다. □

4.1.3 거듭제곱근

실수 a에 대하여, 방정식 $x^2 = a$의 근은 a의 **제곱근**이라고 하고, 방정식 $x^3 = a$의 근은 a의 **세제곱근**이라고 하며, 방정식 $x^4 = a$의 근은 a의 **네제곱근**이라고 한다. 일반적으로 자연수 n에 대하여, $x^n = a$의 근은 a의 n**제곱근**이라고 한다. 그리고 a의 제곱근, 세제곱근, 네제곱근 등을 통틀어 a의 **거듭제곱근**이라고 한다.

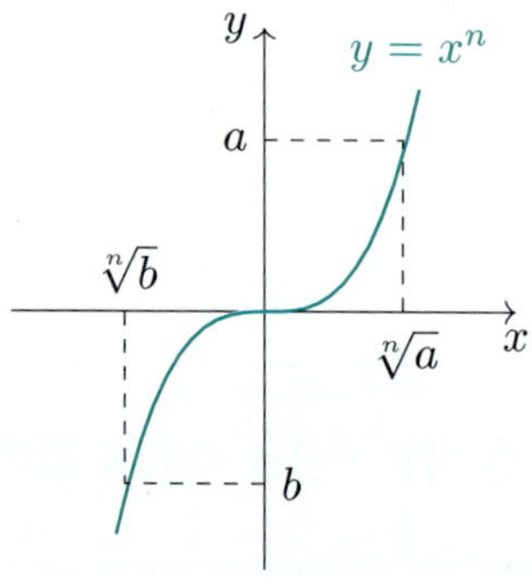

그림 4.1 홀수 n에 대한 방정식 $x^n = a$의 실근 $\sqrt[n]{a}$

자연수 n이 홀수이면, 그림 4.1에서와 같이 실수 a의 n제곱근인 실수는 오직 하나뿐이며 이것을 $\sqrt[n]{a}$로 나타낸다.

예제 4.4. 다음을 구하여라.

(가) $\sqrt[3]{8}$,　　　　(나) $\sqrt[3]{-8}$.

풀이. (가) 8의 세제곱근은 방정식 $x^3-8=0$의 근이다. 그런데

$$x^3-8=(x-2)(x^2+2x+4)$$

이므로 $x^3-8=0$의 근 중에서 실수인 것은 2뿐이다. 따라서 $\sqrt[3]{8}=2$이다.

(나) -8의 세제곱근은 방정식 $x^3+8=0$의 근이다. 그런데

$$x^3+8=(x+2)(x^2-2x+4)$$

이므로 $x^3+8=0$의 근 중에서 실수인 것은 -2뿐이다. 따라서 $\sqrt[3]{-8}=-2$이다. □

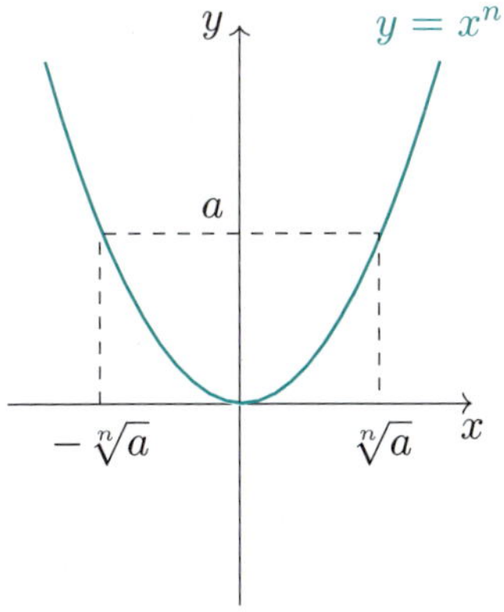

그림 4.2 짝수 n에 대한 방정식 $x^n=a$의 실근

자연수 n이 짝수일 때는, 그림 4.2에서와 같이 a가 양의 실수이면 a의 n제곱근인 실수는 양과 음, 두 개가 존재하며 a가 음의 실수이면 a의 n제곱근인 실수는 존재하지 않는다. a가 양의 실수일 때 a의 n제곱근인 양의 실수를 $\sqrt[n]{a}$로 나타낸다. 이때

$$\left(-\sqrt[n]{a}\right)^n=\left(\sqrt[n]{a}\right)^n=a$$

이므로 $-\sqrt[n]{a}$가 a의 n제곱근인 음의 실수이다.

예제 4.5. 다음을 구하여라.

(가) $\sqrt[4]{81}$, (나) $-\sqrt[4]{81}$.

풀이. (가) 81의 네제곱근은 방정식 $x^4 - 81 = 0$의 근이다. 그런데

$$x^4 - 81 = (x+3)(x-3)(x^2+9)$$

이므로 $x^4 - 81 = 0$의 근 중에서 실수인 것은 -3과 3이다. 따라서 $\sqrt[4]{81} = 3$이다.

(나) (가)에 따라서 $-\sqrt[4]{81} = -3$이다. □

예제 4.6. 다음을 간단히 하여라.

(가) $\sqrt[3]{-0.001}$, (나) $-\sqrt[4]{81}$, (다) $\sqrt[5]{32}$.

풀이. (가) $(-0.1)^3 = -0.001$이므로 -0.1는 -0.001의 세제곱근이다. 그런데 -0.001의 세제곱근 중 실수는 유일하므로 $\sqrt[3]{-0.001} = -0.1$이다.

(나) $3^4 = 81$이므로 3은 81의 네제곱근 중 양의 실수이다. 따라서 $\sqrt[4]{81} = 3$이고 $-\sqrt[4]{81} = -3$이다.

(다) $2^5 = 32$이므로 2는 32의 다섯제곱근이다. 그런데 32의 다섯제곱근 중 실수는 유일하므로 $\sqrt[5]{32} = 2$이다. □

거듭제곱근에 대하여 다음이 성립한다.

정리 4.3: 거듭제곱근의 기본성질

양의 실수 a와 b 그리고 자연수 m과 n에 대하여,

(가) $\sqrt[n]{a}\,\sqrt[n]{b} = \sqrt[n]{ab}$, (나) $\dfrac{\sqrt[n]{a}}{\sqrt[n]{b}} = \sqrt[n]{\dfrac{a}{b}}$,

(다) $(\sqrt[n]{a})^m = \sqrt[n]{a^m}$, (라) $\sqrt[m]{\sqrt[n]{a}} = \sqrt[mn]{a}$

이다.

증명. (가) 지수법칙에 따라서

$$(\sqrt[n]{a}\,\sqrt[n]{b})^n = (\sqrt[n]{a})^n(\sqrt[n]{b})^n = ab$$

이다. 이때 $a > 0$이고 $b > 0$이므로 $\sqrt[n]{a} > 0$이고 $\sqrt[n]{b} > 0$이다. 따라서 $\sqrt[n]{a}\sqrt[n]{b}$는 ab의 양의 n제곱근이다. 그러므로 $\sqrt[n]{a}\sqrt[n]{b} = \sqrt[n]{ab}$이다.

(나) 지수법칙에 따라서

$$\left(\frac{\sqrt[n]{a}}{\sqrt[n]{b}}\right)^n = \frac{(\sqrt[n]{a})^n}{(\sqrt[n]{b})^n} = \frac{a}{b}$$

이다. 이때 $a > 0$이고 $b > 0$이므로 $\sqrt[n]{a} > 0$이고 $\sqrt[n]{b} > 0$이다. 따라서 $\sqrt[n]{a}/\sqrt[n]{b}$는 a/b의 양의 n제곱근이다. 그러므로 $\sqrt[n]{a}/\sqrt[n]{b} = \sqrt[n]{a/b}$이다.

(다) 지수법칙에 따라서

$$((\sqrt[n]{a})^m)^n = (\sqrt[n]{a})^{mn} = ((\sqrt[n]{a})^n)^m = a^m$$

이고 $(\sqrt[n]{a})^m > 0$이므로 $(\sqrt[n]{a})^m = \sqrt[n]{a^m}$이다.

(라) 지수법칙에 따라서

$$\left(\sqrt[m]{\sqrt[n]{a}}\right)^{mn} = (\sqrt[n]{a})^n = a$$

이고 $\sqrt[m]{\sqrt[n]{a}} > 0$이므로 $\sqrt[m]{\sqrt[n]{a}} = \sqrt[mn]{a}$이다. □

일반적으로 $a > 0$이고 $b > 0$인 경우가 아닐 때에는 위 정리가 성립하지 않는다.

예제 4.7. 다음 식을 간단히 하여라.

(가) $\sqrt[3]{2}\sqrt[3]{4}$, (나) $\sqrt[3]{\sqrt{64}}$.

풀이. (가) $\sqrt[3]{2}\sqrt[3]{4} = \sqrt[3]{2 \cdot 4} = \sqrt[3]{2^3} = 2$.

(나) $\sqrt[3]{\sqrt{64}} = \sqrt[6]{64} = \sqrt[6]{2^6} = 2$. □

4.1.4 실수 지수에 대한 거듭제곱

밑이 양의 실수이고 지수가 유리수인 거듭제곱을 정의해 보자. 먼저, 양의 실수 a와 자연수 m과 k에 대하여, $\left((\sqrt[km]{a})^k\right)^m = (\sqrt[km]{a})^{km} = a$이므로

$$\left(\sqrt[km]{a}\right)^k = \sqrt[m]{a}$$

이다. 따라서 정수 n과 자연수 m과 k에 대하여,

$$\left(\sqrt[km]{a}\right)^{kn} = \left(\sqrt[m]{a}\right)^n \tag{4.1}$$

이다. 양의 실수 a와 영이 아닌 유리수 q에 대하여, $q = n/m$인 정수 n과 자연수 m이 존재한다. 이때 a의 q제곱 a^q을

$$a^q = (\sqrt[m]{a})^n$$

로 정의한다. 식 4.1에 따라서 유리수 q를 $q = (kn)/(km)$와 같이 나타내도 a^q의 값은 변함이 없음을 알 수 있다.

유리수 지수에 대한 거듭제곱의 기본성질을 다음과 같이 정리할 수 있다.

정리 4.4: 유리수 지수에 대한 거듭제곱의 기본성질

양의 실수 실수 a, b와 유리수 p, q에 대하여,

(가) $a^p \cdot a^q = a^{p+q}$, (나) $(ab)^p = a^p b^p$, (다) $(a^p)^q = a^{pq}$

이다.

증명. (가) $p = n/m$와 $q = s/r$인 정수 n, s와 자연수 m, r에 대하여

$$\begin{aligned} a^p a^q &= a^{n/m} a^{s/r} = a^{(nr)/(mr)} a^{(ms)/(mr)} \\ &= \sqrt[mr]{a^{nr}} \sqrt[mr]{a^{ms}} = \sqrt[mr]{a^{nr+ms}} = a^{(nr+ms)/mr} \\ &= a^{n/m+s/r} = a^{p+q} \end{aligned}$$

이므로 $a^p a^q = a^{p+q}$이다.

(나) $p = n/m$인 정수 n과 자연수 m에 대하여

$$\begin{aligned} (ab)^p &= (ab)^{n/m} \\ &= \sqrt[m]{(ab)^n} = \sqrt[m]{a^n b^n} = \sqrt[m]{a^n} \sqrt[m]{b^n} \\ &= a^{n/m} b^{n/m} = a^p b^p \end{aligned}$$

이므로 $(ab)^q = a^p b^p$이다.

(다) $p = n/m$와 $q = s/r$인 정수 n, s와 자연수 m, r에 대하여

$$\begin{aligned}(a^p)^q = (a^{n/m})^{s/r} &= \left(\sqrt[r]{(\sqrt[m]{a})^n}\right)^s \\ &= \left(\sqrt[r]{\sqrt[m]{a}}\right)^{ns} = (\sqrt[mr]{a})^{ns} \\ &= a^{(ns)/(mr)} = a^{pq}\end{aligned}$$

이므로 $(a^p)^q = a^{pq}$이다. □

예제 4.8. 양의 실수 a에 대하여, 다음을 보여라.

(가) $a^{2/3}a^{5/4} = a^{2/3+5/4}$, (나) $\left(a^{2/3}\right)^{5/4} = a^{(2/3)\cdot(5/4)}$.

풀이. (가) 양의 실수 a에 대하여,

$$\begin{aligned}a^{2/3}a^{5/4} &= (\sqrt[3]{a})^2(\sqrt[4]{a})^5 = (\sqrt[12]{a})^8(\sqrt[12]{a})^{15} \\ &= (\sqrt[12]{a})^{23} = a^{23/12} = a^{8/12+15/12} = a^{2/3+5/4}\end{aligned}$$

이다.

(나) 양의 실수 a에 대하여,

$$\begin{aligned}\left(a^{2/3}\right)^{5/4} &= \left((\sqrt[3]{a})^2\right)^{5/4} = \left(\sqrt[3]{a^2}\right)^{5/4} = \left(\sqrt[4]{\sqrt[3]{a^2}}\right)^5 \\ &= \left(\sqrt[12]{a^2}\right)^5 = (\sqrt[12]{a})^{10} = a^{10/12} = \left(a^{2/3}\right)^{5/4}\end{aligned}$$

이다. □

실수 영역에서 유리수는 조밀하게 분포되므로, x가 무리수일 때도 a^x를 자연스럽게 정의할 수 있다. 따라서 모든 실수 x에 대하여 a^x를 정의할 수 있다.

정리 4.5: 실수 지수에 대한 거듭제곱의 기본성질

양의 실수 a, b와 실수 x, y에 대하여,

(가) $a^x \cdot a^y = a^{x+y}$, (나) $(ab)^x = a^x b^x$, (다) $(a^x)^y = a^{xy}$

이다.

예제 4.9. 다음을 간단히 하여라.

(가) $(-4)^0$, (나) $\left(\frac{1}{3}\right)^{-2}$, (다) $81^{-0.25}$.

풀이. (가) $(-4)^0 = 1$.

(나) $\left(\frac{1}{3}\right)^{-2} = 3^2 = 9$.

(다) $81^{-0.25} = 81^{-1/4} = \frac{1}{\sqrt[4]{81}} = \frac{1}{3}$. □

4.1.5 지수함수

양의 실수 a에 대하여, 모든 실수에서 정의된 함수 $f(x) = a^x$을 밑이 a인 **지수함수**라고 한다. 이때 $a = 1$이면 함수 $f(x) = 1^x$는 상수함수이므로, 지수함수를 다룰 때는 $a \neq 1$이라고 가정한다.

지수함수의 그래프 $y = a^x$는 점 $(0, 1)$을 지난다. 그리고 그림 4.3와 같이 $1 < a$이면 지수함수 $f(x) = a^x$는 증가함수이고, $a < 1$이면 지수함수 $f(x) = a^x$는 감소함수이다.

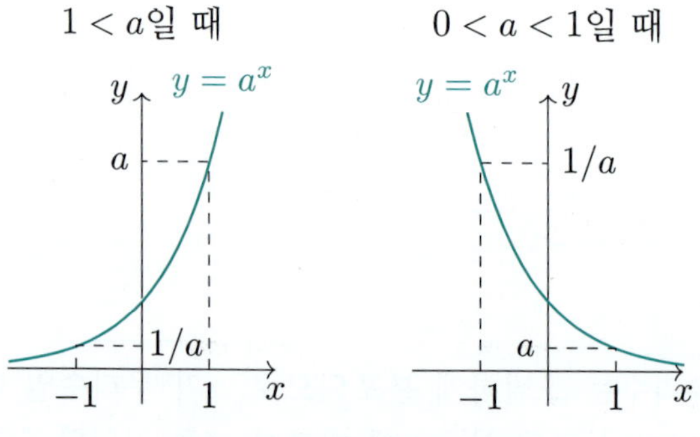

그림 4.3 $y = a^x$의 그래프

그림 4.3에서와 같이 $y = a^x$의 그래프는 1보다 큰 양의 실수 k에 대하여 $a = k$인 경우의 그래프와 $a = 1/k$인 경우의 그래프가 y-축에 대하여 대칭이다.

지수함수의 성질을 다음과 같이 정리할 수 있다.

정리 4.6: 지수함수의 성질

1이 아닌 양의 실수 a에 대한 지수함수 $f(x) = a^x$에 대하여, 다음이 성립한다.

(가) 지수함수 f의 정의역은 실수 전체의 집합이다.

(나) 지수함수 f의 치역은 양의 실수 전체의 집합이다.

(다) 지수함수의 그래프 $y = a^x$는 점 $(0, 1)$과 $(1, a)$를 지나고, x-축이 지수함수 그래프의 점근선이다.

(라) $a > 1$이면 지수함수 f는 증가함수이고, $0 < a < 1$이면 지수함수 f는 감소 함수이다.

예제 4.10. 정의역이 실수 전체의 집합인 함수 $f(x) = 2^{x-1} + 3$의 치역을 구하여라.

풀이. $f(x) = 2^{x-1} + 3$의 그래프는 지수함수 $g(x) = 2^x$의 그래프를 x-축의 방향으로 1만큼 평행이동한 후에 y-축의 방향으로 3만큼 평행이동한 그래프이다. 지수함수 g의 치역이 양의 실수 전체의 집합이므로, 집합 $\{x \in \mathbb{R} \mid 3 \leq x\}$이 함수 f의 치역이다. □

예제 4.11. $0 \leq x \leq 2$일 때, 함수 $f(x) = 3^x + 1$의 최댓값과 최솟값을 구하여라.

풀이. 밑 3이 1보다 크므로, 함수 $f(x) = 3^x + 1$는 증가함수이다. 따라서 $0 \leq x \leq 2$일 때, $f(0) = 3^0 + 1 = 2$가 함수 f의 최솟값이고 $f(2) = 3^2 + 1 = 10$이 함수 f의 최댓값이다. □

연습문제 4.1

1. 다음의 값을 구하여라.

   (가) $\sqrt[3]{-64}$, (나) $\sqrt[4]{16}$.

2. 다음을 간단히 하여라.

   (가) $\sqrt[7]{-1}$, (나) $\sqrt[3]{-8}$, (다) $\sqrt[4]{81}$.

3. 다음을 간단히 하여라.

(가) $\dfrac{\sqrt[5]{128}}{\sqrt[5]{4}}$, (나) $(\sqrt[4]{4})^2$, (다) $\sqrt[3]{\sqrt{64}}$.

4. 양의 실수 a와 b와 유리수 p과 q에 대하여 다음의 지수법칙이 성립함을 증명하여라.

(가) $(ab)^p = a^p b^p$, (나) $(a^p)^q = a^{pq}$.

5. 다음을 간단히 하여라.

(가) $4^{1/3} \cdot 16^{-1/2} \cdot 2^{-3/4}$, (나) $\sqrt[4]{a^4 \cdot \sqrt{a^3}}$ (단, $a > 0$).

6. 다음 함수의 그래프를 그려라.

(가) $f(x) = 2^{x-1} - 2$, (나) $f(x) = 3^{x+1} + 2$.

7. 다음 함수의 최댓값과 최솟값을 구하여라.

(가) $f(x) = 2^{-x} + 1 \quad (-1 \le x \le 2)$,

(나) $f(x) = 3^{x+1} \quad (0 \le x \le 3)$.

4.2 로그함수

4.2.1 로그의 정의

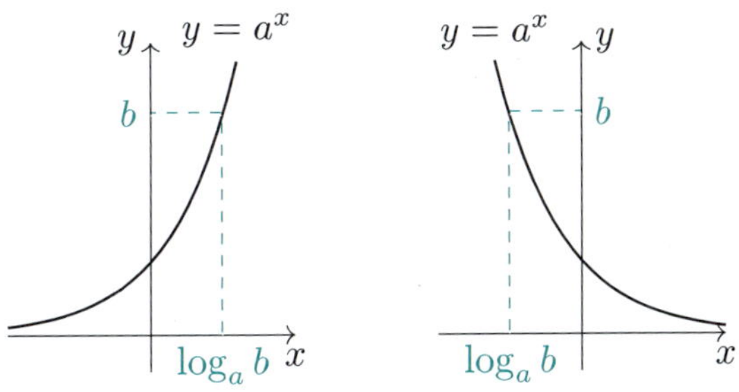

그림 4.4 밑이 a인 로그

양의 실수 b와 1이 아닌 양의 실수 a에 대하여, 그림 4.4에서와 같이 방정식 $a^x = b$의 근은 유일하다. 이때의 유일한 근을 **밑이 a인 b의 로그**라고 하며 $\log_a b$로 나타낸다. 이때 b를 $\log_a b$의 **진수**라고 한다.

지수함수 $f(x) = a^x$에 대하여, $a = 1$이면 지수함수 f는 상수함수이므로 $\log_a b$에서 a는 1이 아닌 양의 실수이어야 한다. 또한 지수함수 f의 치역이 양의 실수 전체의 집합이므로 $\log_a b$에서 진수 b는 양의 실수이어야 한다.

1이 아닌 양의 실수 a에 대하여, $a^{-1} = 1/a$이고 $a^0 = 1$이며 $a^1 = a$이므로 로그의 정의에 따라서

$$\log_a \frac{1}{a} = -1, \qquad \log_a 1 = 0, \qquad \log_a a = 1$$

이다.

예제 4.12. 다음을 간단히 하여라.

(가) $\log_2 8$, (나) $\log_2(1/8)$, (다) $\log_4 8$.

풀이. (가) $x = \log_2 8$로 놓으면, 로그의 정의에 따라서 $2^x = 8$이므로 $x = 3$이다. 즉, $\log_2 8 = 3$이다.

(나) $x = \log_2(1/8)$로 놓으면, 로그의 정의에 따라서 $2^x = 1/8$이므로 $x = -3$이다. 즉, $\log_2(1/8) = -3$이다.

(다) $x = \log_4 8$로 놓으면, 로그의 정의에 따라서 $4^x = 8$이므로

$$2^{2x} = \left(2^2\right)^x = 4^x = 8 = 2^3$$

이다. 따라서 $2x = 3$ 즉 $x = 3/2$이다. 즉, $\log_4 8 = 3/2$이다. □

밑이 a일 때, 로그는 거듭제곱의 역이므로 거듭제곱의 성질로부터 다음과 같은 로그의 성질을 알 수 있다.

정리 4.7: 로그의 기본성질

양의 실수 x, y에 대하여,

(가) $\log_a xy = \log_a x + \log_a y$,

(나) $\log_a \dfrac{x}{y} = \log_a x - \log_a y$,

(다) $\log_a x^b = b \log_a x$ (단, b는 임의의 실수)

이다.

증명. (가) $\log_a x = m$와 $\log_a y = n$로 놓으면 $x = a^m$와 $y = a^n$이다. 지수법칙에 따라서 $xy = a^m a^n = a^{m+n}$이므로, 로그의 정의에 따라서

$$\log_a xy = m + n = \log_a x + \log_a y$$

이다.

(나) $\log_a x = m$와 $\log_a y = n$로 놓으면 $x = a^m$와 $y = a^n$이다. 지수법칙에 따라서 $x/y = a^m/a^n = a^{m-n}$이므로, 로그의 정의에 따라서

$$\log_a \frac{x}{y} = m - n = \log_a x - \log_a y$$

이다.

(다) $\log_a x = m$로 놓으면 $x = a^m$이다. 지수법칙에 따라서 $x^b = (a^m)^b = a^{mb}$이므로, 로그의 정의에 따라서

$$\log_a x^b = bm = b \log_a x$$

이다. □

예제 4.13. $\log_5 2 = a$와 $\log_5 3 = b$일 때, $\log_5 \sqrt[3]{12}$를 a와 b로 나타내어라.

풀이. $\log_5 2 = a$와 $\log_5 3 = b$일 때

$$\begin{aligned}\log_5 \sqrt[3]{12} &= \log_5(2^2 \times 3)^{1/3} \\ &= \frac{1}{3}\log_5(2^2 \times 3) = \frac{1}{3}(2\log_5 2 + \log_5 3) \\ &= \frac{1}{3}(2a + b)\end{aligned}$$

이다. □

정리 4.8: 밑에 대한 로그의 성질

1이 아닌 양의 실수 a와 c와 양의 실수 x에 대하여,

$$\log_a x = \frac{\log_c x}{\log_c a}$$

이다.

증명. $\log_a x = m$와 $\log_c a = n$로 놓으면 로그의 정의에 따라서 $a^m = x$와 $c^n = a$이다. 지수의 성질에 따라서 $x = a^m = \left(c^n\right)^m = c^{nm}$이므로

$$\log_c x = nm = \log_c a \cdot \log_a x$$

이다. 여기서 $a \neq 1$이므로 $\log_c a \neq 0$이다. 따라서 위의 식의 양변을 $\log_c a$로 나누면,

$$\log_a x = \frac{\log_c x}{\log_c a}$$

이다. □

예제 4.14. $\log_3 5 \cdot \log_5 7 \cdot \log_7 9$를 간단히 하여라.

풀이. 로그의 밑을 3으로 통일하면

$$\begin{aligned}\log_3 5 \cdot \log_5 7 \cdot \log_7 9 &= \log_3 5 \cdot \frac{\log_3 7}{\log_3 5} \cdot \frac{\log_3 9}{\log_3 7} \\ &= \log_3 9 = \log_3 3^2 = 2\log_3 3 = 2\end{aligned}$$

이다. □

밑이 10인 로그를 **상용로그**라고 한다. 상용로그 $\log_{10} n$을 밑 10을 생략하여 $\log n$으로 나타내기도 한다. 상용로그는 공학, 생물학, 천문학 등의 분야에서 많이 사용되고 있다.

x의 값이 0에 한없이 가까워질 때, $(1+x)^{\frac{1}{x}}$은 무리수

$$2.71828\cdots$$

에 한없이 가까워진다. 이 무리수를 **오일러 상수**라고 하며 e로 나타낸다.

오일러 상수 e를 밑으로 하는 로그를 **자연로그**라고 한다. 자연로그 $\log_e n$을 $\ln n$으로 나타내기도 한다.[3] 자연로그는 수학, 물리, 화학 등에서 널리 사용되고 있다.

예제 4.15. 다음 식을 간단히 하여라.

(가) $\log 0.01$, (나) $\log 100$, (다) $\ln e^2$, (라) $\ln(1/e^2)$.

풀이. (가) $\log 0.01 = \log_{10} 10^{-2} = -2\log_{10} 10 = -2$.

(나) $\log 100 = \log_{10} 10^2 = 2\log_{10} 10 = 2$.

(다) $\ln e^2 = 2\ln e = 2$

(라) $\ln(1/e^2) = \ln e^{-2} = -2\ln e = -2$. □

[3]자연로그 $\ln n$을 $\log n$으로 나타내기도 한다. 이때는 $\log n$이 상용로그인지 자연로그인지 판별해야 한다.

4.2.2 로그함수

밑이 a인 로그 $f(x) = \log_a x$로 정의되는 함수 $f\colon \mathbb{R}^+ \to \mathbb{R}$를 **밑이 a인 로그함수**라고 한다. 로그함수는 정의역이 양의 실수 전체의 집합 $\mathbb{R}^+$이며 치역이 실수 전체의 집합 $\mathbb{R}$인 일대일 대응이다. 로그함수 $f(x) = \log_a x$는 지수함수 $g(x) = a^x$의 역함수이다.

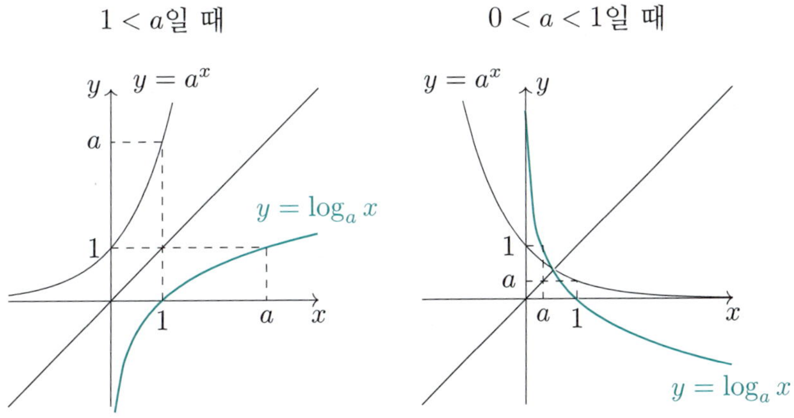

그림 4.5 로그함수의 그래프

로그함수 $f(x) = \log_a x$가 지수함수 $g(x) = a^x$의 역함수이므로, 그림 4.5와 같이 로그함수의 그래프 $y = \log_a x$는 지수함수의 그래프 $y = a^x$와 직선 $y = x$에 대하여 대칭이다.

로그함수의 성질을 다음과 같이 정리할 수 있다.

정리 4.9: 로그함수의 기본성질

로그함수 $f(x) = \log_a x$ $(a > 0,\ a \neq 1)$에 대하여, 다음이 성립한다.

(가) 로그함수 f의 정의역은 양의 실수 전체의 집합이다.

(나) 로그함수 f의 치역은 실수 전체의 집합이다.

(다) 로그함수의 그래프 $y = \log_a x$는 점 $(1, 0)$과 $(a, 1)$를 지나고, y-축이 로그함수 그래프의 점근선이다.

(라) 만약 $1 < a$이면 로그함수 f는 증가함수이고, 만약 $0 < a < 1$이면 로그함수 f는 감소함수이다.

예제 4.16. 다음 수의 대소관계를 나타내어라.

$$\frac{1}{2}, \frac{\ln 3}{2\ln 5}, \log_5 2.$$

풀이. 수를 밑이 5인 로그를 이용하여 나타내면, 첫 번째와 두 번째는 각각

$$\frac{1}{2} = \frac{1}{2}\log_5 5 = \log_5 \sqrt{5}, \qquad \frac{\ln 3}{2\ln 5} = \frac{1}{2}\log_5 3 = \log_5 \sqrt{3}$$

이다. 로그함수 $f(x) = \log_5 x$는 증가함수이고 $\sqrt{3} < 2 = \sqrt{4} < \sqrt{5}$이므로

$$\frac{\ln 3}{2\ln 5} < \log_5 2 < \frac{1}{2}$$

이다. □

예제 4.17. $0 \leq x \leq 4$일 때, 함수 $f(x) = \log_2(x^2 - 6x + 10)$의 최댓값과 최솟값을 구하여라.

풀이. 밑이 1보다 크므로 진수가 최댓값일 때 f의 값은 최댓값이고, 진수가 최솟값일 때 f의 값은 최솟값이다. $x^2 - 6x + 10 = (x-3)^2 + 1$이므로, $0 \leq x \leq 4$에서 $x = 0$일 때 진수의 최댓값이 10이고 $x = 3$일 때 진수의 최솟값은 1이다. 따라서 $0 \leq x \leq 4$일 때, 함수 f의 최댓값은 $\log_2 10$이고 최솟값은 $\log_2 1 = 0$이다. □

연습문제 4.2

1. 다음의 값을 구하여라.

   (가) $\log_2 16$, (나) $\log_3 \frac{1}{3}$, (다) $\log_4 2$, (라) $\log_{\frac{1}{3}} 9$,

   (마) $\log 100$, (바) $\log \dfrac{1}{10}$, (사) $\ln \sqrt[3]{e}$, (아) $\ln \dfrac{1}{e^2}$.

2. 양의 실수 x, y와 임의의 실수 b에 대하여, 다음을 보여라.

   (가) $\log_a \dfrac{x}{y} = \log_a x - \log_a y$, (나) $\log_a x^b = b\log_a x$.

3. 다음을 간단히 하여라.

(가) $\log_4 32$, (나) $\log_2 3 \cdot \log_3 4$, (다) $\log_2 5 \cdot \log_5 2$.

4. 다음 식을 간단히 하여라.

(가) $\log_5 10 + \log_5 \frac{2}{\sqrt{5}}$, (나) $\log_3 \sqrt{2} + \frac{1}{2}\log_3 \frac{1}{3} - \frac{3}{2}\log_3 \sqrt[3]{6}$.

5. $\log_5 2 = a$와 $\log_5 3 = b$일 때, 다음을 a와 b로 나타내어라.

(가) $\log_5 6$, (나) $\log_5 \frac{16}{9}$, (다) $\log_5 \sqrt{1.5}$.

6. 양의 실수 x, y, z에 대하여, $\log_3 x + 3\log_3 \sqrt[3]{y} + 2\log_9 z = 1$일 때 2^{xyz}의 값을 구하여라.

7. 다음 로그함수의 그래프를 그려라.

(가) $f(x) = \log_2(x-1) + 2$, (나) $f(x) = \log_{\frac{1}{2}}(x+1) - 2$.

8. 다음 함수의 최댓값과 최솟값을 구하여라.

(가) $f(x) = \log_2(x^2 - 2x + 3) \quad (0 \le x \le 3)$,

(나) $f(x) = \log_3(x+2) \quad (0 \le x \le 3)$.

9. $x > 1$와 $y > 1$에 대하여 $2\log_x y - 2\log_y x + 3 = 0$일 때 $x^2 - 4y^2$의 최솟값을 구하여라.

제 5 장

수열과 무한급수

이 장에서는 수열과 무한급수에 대하여 알아본다. 등차수열과 조화수열과 등비수열 등 여러 수열을 살펴본다. 또한 수열의 극한의 성질을 탐구한다. 무한급수에 대한 기본성질에 대하여 알아보고 특히 무한등비급수의 여러 성질을 탐구한다.

5.1 등차수열과 등비수열

수의 나열

$$1, 3, 5, 7, \ldots$$

와 같은 것을 다음과 같이 정의한다.

정의 5.1: 수열

자연수 전체의 집합에 정의된 함수 $a\colon \mathbb{N} \to \mathbb{R}$은 **수열**이라고 한다.

수열 a를 치역의 원소를 차례대로 나열한 순서쌍 $(a(1), a(2), a(3), \ldots)$로 나타낼 수 있는데, 보통 $a(n)$을 아래첨자를 사용하여 a_n으로 나타내어 수열 a를

$$(a_n)_{n=1}^{\infty} \qquad \text{또는} \qquad (a_n)$$

로 나타낸다.[1] 이때 $a_1, a_2, a_3, \ldots$을 각각 수열 (a_n)의 **첫째 항**, **둘째 항**, **셋째 항**, $\ldots$ 이라고 하고, a_n을 수열 (a_n)의 n**번째 항** 또는 **일반항**이라고 한다.

수열 (a_n)에 대하여,

$$S_n = a_1 + a_2 + \cdots + a_n$$

을 첫째 항부터 n번째 항까지의 **부분합**이라고 한다. 이때 수열 (a_n)과 (S_n) 사이에는

$$a_n = \begin{cases} S_1 & (n = 1\text{일 때}), \\ S_n - S_{n-1} & (n \geq 2\text{일 때}) \end{cases}$$

이 성립한다.

예제 5.1. 다음 수열의 일반항을 구하여라.

(가) 1, 4, 7, 10, 13, ..., (나) $\frac{1}{3}, \frac{2}{4}, \frac{3}{5}, \frac{4}{6}, \ldots$.

풀이. (가) 주어진 수열을

$$1 = 3 \cdot 1 - 2, \quad 4 = 3 \cdot 2 - 2, \quad 7 = 3 \cdot 3 - 2, \quad 10 = 3 \cdot 4 - 2, \quad \ldots$$

와 같이 나타낼 수 있으므로, $a_n = 3n - 2$는 주어진 수열의 일반항이다.

[1] 수열 (a_n)을 $\{a\}_{n=1}^{\infty}$ 또는 $\{a_n\}$로 나타내기도 한다.

(나) 주어진 수열의 규칙에서 분자는 자연수 n이고 분모는 분자 $+ 2$이므로,

$$a_n = \frac{n}{n+2}$$

이 주어진 수열의 일반항이다. □

5.1.1 등차수열

첫째 항부터 시작하여 차례로 일정한 수를 더하여 만들어진 수열을 **등차수열**이라고 하고, 이때 일정한 수를 주어진 등차수열의 **공차**라고 한다.

등차수열의 일반항은 다음과 같다.

정리 5.1: 등차수열의 일반항

첫째 항이 a이고 공차가 d인 등차수열 (a_n)에 대하여,

$$a_n = a + (n-1)d$$

이다.

증명. 등차수열 (a_n)을 차례로 나타내면

$$\begin{aligned} a_1 &= a, \\ a_2 &= a + d, \\ a_3 &= a_2 + d = a + 2d, \\ &\vdots \\ a_n &= a_{n-1} + d = a + (n-1)d, \\ &\vdots \end{aligned}$$

이다. □

예제 5.2. 수열 $1, 3, 5, 7, 9, \ldots$의 일반항을 구하여라.

풀이. 주어진 수열은 첫째 항이 1이고 공차가 2인 등차수열이므로

$$a_n = 1 + (n-1)2 = 2n - 1$$

이 주어진 등차수열의 일반항이다. □

> **예제 5.3.** 첫째 항이 1이고 공차가 4인 등차수열에서 처음으로 20보다 큰 항은 몇째 항인가?

풀이. 첫째 항이 1이고 공차가 4이므로

$$a_n = 1 + (n-1)4 = 4n - 3$$

이 주어진 등차수열의 일반항이다. 20보다 큰 n항을 구하기 위하여 부등식

$$4n - 3 > 20$$

을 풀면 $n > 23/4$이다. n은 자연수이므로 6째 항부터 20보다 크다. □

등차수열의 부분합은 다음과 같이 구할 수 있다.

> **정리 5.2: 등차수열의 부분합**
>
> 첫째 항이 a_1이고 공차가 d인 등차수열 (a_n)의 부분합은
>
> $$S_n = \frac{n(a_1 + a_n)}{2} = \frac{n\{2a_1 + (n-1)d\}}{2}$$
>
> 이다.

증명. 등차수열 (a_n)의 부분합을 첫째 항부터 나열하면

$$S_n = a_1 + (a_1 + d) + (a_1 + 2d) + \cdots + \{a_1 + (n-2)d\} + \{a_1 + (n-1)d\}$$

이고, 부분합을 마지막 항부터 나열하면

$$S_n = a_n + (a_n - d) + (a_n - 2d) + \cdots + \{a_n - (n-2)d\} + \{a_n - (n-1)d\}$$

이다. 두 식의 양변을 더하면

$$2S_n = (a_1 + a_n) + (a_1 + a_n) + \cdots + (a_1 + a_n) = n(a_1 + a_n)$$

이므로

$$S_n = \frac{n(a_1 + a_n)}{2}$$

이다. 한편 $a_n = a_1 + (n-1)d$이므로

$$S_n = \frac{n(a_1 + a_n)}{2} = \frac{n\{2a_1 + (n-1)d\}}{2}$$

이다. □

보기 5.1. 자연수에서 1부터 n까지의 합은

$$1 + 2 + \cdots + n = \frac{n(n+1)}{2}$$

이다.

예제 5.4. 첫째 항이 1이고 공차가 3인 등차수열 (a_n)의 부분합 S_{10}을 구하여라.

증명. 등차수열 (a_n)에 대하여,

$$S_{10} = \frac{10(2 \cdot 1 + 9 \cdot 3)}{2} = 145$$

이다. □

예제 5.5. 100 이하의 자연수들 중에서 5로 나누면 2가 남는 모든 자연수들의 합을 구하여라.

풀이. 5로 나누면 2가 남는 자연수를 크기 순으로 나열하면

$$2, 7, 12, 17, 22, 27, \ldots$$

이다. 이는 첫째 항이 2이고 공차가 5인 등차수열이다. n째 항 $a_n = 2 + (n-1)5$이 100 이하이면

$$2 + (n-1) \cdot 5 \leq 100$$

이므로 $n \le 20 + 3/5$이다. 따라서 부분합 S_{20}을 구하면 되는데, 이것은

$$S_{20} = \frac{20 \cdot \{2 \cdot 2 + (20-1) \cdot 5\}}{2} = 990$$

이다. □

연이율이 r인 예금에 A원을 단리로 예치하면 n년 후에 원리금은

$$(A + rA) + rA + \cdots + rA = A + (rA)n = A(1 + rn)$$

이다.

예제 5.6. 올해 1월 1일에 금리가 3%인 정기예금에 1,000만 원을 예치하면 5년이 지난 후의 원리금은 얼마인가? 단, 이자는 단리이다.

풀이. 금리가 3%이므로 매년 이자는 30만 원이다. n년 후의 원리금을 a_n으로 놓으면 (a_n)은 첫째 항이 1030이고 공차가 30인 등차수열이다. 이때

$$a_5 = 1030 + 4 \cdot 30 = 1150$$

이므로, 5년 후의 원리금은 $1,150$만 원이다. □

수열 (a_n)에 대하여, 각 항의 역수를 항으로 가지는 수열

$$\frac{1}{a_1}, \quad \frac{1}{a_2}, \quad \frac{1}{a_3}, \quad \ldots, \quad \frac{1}{a_n}, \quad \ldots$$

이 등차수열이면 원래의 수열 (a_n)은 조화수열이라고 한다.

보기 5.2. 수열 $(1, 1/2, 1/3, 1/4, \ldots)$에 대하여, 각 항의 역수로 이루어진 수열 $(1, 2, 3, 4, \ldots)$는 첫째 항이 1이고 공차가 1인 등차수열이다. 따라서 원래의 수열 $(1, 1/2, 1/3, 1/4, \ldots)$은 조화수열이다.[a]

[a] 현의 길이의 비가 $1, 1/2, 1/3, 1/4, \ldots$인 소리가 화음을 이룬다는 것에서 '조화'라는 이름이 유래하였다.

5.1.2 등비수열

수열 $(1, 2, 4, 8, 16, \ldots)$와 같이 첫째 항부터 차례로 일정한 수를 곱하여 만들어진 수열은 **등비수열**이라고 한다. 즉, 수열 (a_n)에 대하여,

$$\text{모든 자연수 } n\text{에 대하여}, a_{n+1} = r \cdot a_n$$

인 상수 r이 존재하면 수열 (a_n)은 등비수열이다. 이때 일정한 수 r는 (a_n)의 **공비**라고 한다.

예제 5.7. 수열 $(1, 3, 9, x, 81, \ldots)$이 등비수열일 때, 이 수열의 공비와 x의 값을 구하여라.

풀이. $a_2/a_1 = 3/1 = 3$이고 $a_3/a_2 = 9/3 = 3$이므로, 주어진 수열의 공비는 3이다. 따라서 $x = 3 \cdot 9 = 27$이다. □

등비수열의 일반항은 다음과 같다.

정리 5.3: 등비수열의 일반항

첫째 항이 a이고 공비가 r인 등비수열 (a_n)에 대하여,

$$a_n = ar^{n-1}$$

이다.

풀이. 첫째 항이 a이고 공비가 r인 등비수열의 각 항은

$$a_1 = a, \quad a_2 = a_1 r = ar, \quad a_3 = a_2 r = (ar)r = ar^2, \quad \ldots$$

이므로, $a_n = ar^{n-1}$이 등비수열 (a_n)의 일반항이다. □

예제 5.8. 등비수열 (a_n)에 대하여, $a_4 = 54$이고 $a_7 = 1458$이다. 수열 (a_n)의 첫째 항과 공비를 구하여라.

풀이. 등비수열 (a_n)의 첫째 항을 a로 공비를 r로 놓으면

$$54 = a_4 = ar^3, \qquad 1458 = ar^6$$

이다. 따라서 $r^3 = 1458/54 = 27$이므로 공비는 $r = 3$이고 첫째 항은 $a = 54/r^3 = 54/27 = 2$이다. □

등비수열의 부분합은 다음과 같이 구할 수 있다.

정리 5.4: 등비수열의 부분합

첫째 항이 a이고 공비가 r인 등비수열 (a_n)의 부분합은

$$S_n = \begin{cases} \dfrac{a(1-r^n)}{1-r} & r \neq 1\text{일 때}, \\ na & r = 1\text{일 때} \end{cases}$$

이다.

증명. 첫째 항이 a이고 공비가 r인 등비수열 (a_n)에 대하여, 첫째 항부터 제 n항까지의 합 S_n은

$$S_n = a + ar + ar^2 + \cdots + ar^{n-2} + ar^{n-1}$$

이고, 이 식의 양변에 r을 곱하면

$$rS_n = ar + ar^2 + ar^3 + \cdots + ar^{n-1} + ar^n$$

이다. S_n에서 rS_n을 빼면

$$(1-r)S_n = a - ar^n = a(1-r^n)$$

이므로, $r \neq 1$이면

$$S_n = \frac{a(1-r^n)}{1-r}$$

이고, $r = 1$이면

$$S_n = a + a + \cdots + a = na$$

이다. □

예제 5.9. 첫째 항이 2이고 공비가 1/3인 등비수열의 처음 5개 항의 합을 구하여라.

풀이. 등비수열 (a_n)의 첫째 항이 $a = 2$이고 공비가 $r = 1/3$이므로 처음 5개 항의 합은

$$S_5 = \frac{2\left(1-(\frac{1}{3})^5\right)}{1-(\frac{1}{3})} = \frac{242}{81}$$

이다. □

연습문제 5.1

1. 일반항이 다음과 같은 수열의 처음 5개의 항을 적어라.

   (가) $a_n = (-1)^n \dfrac{n}{n+1}$, (나) $a_n = \dfrac{3+n}{2^n}$,

   (다) $\begin{cases} a_1 = 2, \\ a_n = \dfrac{a_{n-1}}{3} \ (\ n \geq 2\text{일 때}), \end{cases}$ (라) $\begin{cases} a_1 = 1, \\ a_n = a_{n-1} + 3 \ (n \geq 2\text{일 때}). \end{cases}$

2. 다음 등차수열의 일반항과 첫째 항부터 10번째 항까지의 합을 구하여라.

   (가) $(1, 3, 5, 7, \ldots)$,

   (나) $(1/2, 2/3, 5/6, 1, \ldots)$,

   (다) 첫째 항 3이고 공차가 -2인 등차수열.

3. 다음 등비수열의 일반항과 첫째 항부터 10번째 항까지의 합을 구하여라.

   (가) $1/9, 1/3, 1, 3, \ldots)$,

   (나) $(3, 6, 12, 24, \ldots)$,

   (다) 제2항이 6이고 공비가 3인 등비수열.

4. 제3항이 6이고 제10항이 -15인 등차수열에 대하여 다음을 구하여라.

   (가) 첫째 항 a와 공차 d을 구하여라.

   (나) 일반항 a_n을 구하여라.

   (다) 첫째 항부터 n째 항까지의 합을 구하여라.

5. 올해 1월 1일에 금리가 3%인 정기예금에 1,000만 원을 예치하면 5년이 지난 후의 원리금은 얼마인가? 단, 이자는 복리이다.

5.2 수열의 수렴

수열 (a_n)에 대하여, n이 한없이 커질 때 a_n이 일정한 값에 한없이 가까이 감을 다음과 같이 정의한다.

정의 5.2: 수열의 수렴

수열 (a_n)와 실수 L에 대하여, n이 한없이 커질 때 a_n이 L에 한없이 가까워지면 수열 (a_n)은 L에 **수렴한다**라고 하고

$$\lim_{n\to\infty} a_n = L$$

로 나타낸다. 이때 L을 수열 (a_n)의 **극한**이라고 한다. 수열 (a_n)이 어떠한 실수에도 수렴하지 않으면 수열 (a_n)은 **발산한다**고 한다.

보기 5.3. (가) 상수수열 (c)에 대하여, $\lim_{n\to\infty} c = c$이다.

(나) $\lim_{n\to\infty} \frac{1}{n} = 0.$

(다) $\lim_{n\to\infty} \left(1 + \frac{1}{n}\right) = 1.$

(라) 수열 (n^2)은 발산한다.

(마) 수열 $\left(\frac{(-1)^n}{2}\right)$은 발산한다.

발산하는 수열 중에서, n이 한없이 커질 때 a_n이 ∞로 한없이 가까워지거나 $-\infty$로 한없이 가까워지는 경우는 수렴하는 수열의 정의와 같은 형태로 나타낼 수 있다.

정의 5.3: 무한대로 발산하는 수열

수열 (a_n)에 대하여, n이 한없이 커질 때 a_n이 한없이 커지면 수열 (a_n)은 **양의 무한대로 발산한다**라고 하고

$$\lim_{n\to\infty} a_n = \infty$$

로 나타낸다. 이때 ∞를 수열 (a_n)의 **극한**이라고 한다. 수열 (a_n)에 대하여, n이 한없이 커질 때 a_n이 한없이 작아지면 수열 (a_n)은 **음의 무한대로 발산한다**라고 하고

$$\lim_{n\to\infty} a_n = -\infty$$

로 나타낸다. 이때 $-\infty$를 수열 (a_n)의 **극한**이라고 한다.

5.2.1 수렴하는 수열에 대한 기본성질

수렴하는 수열에 대하여 다음의 성질이 성립한다.

정리 5.5: 수렴하는 수열에 대한 기본성질

수열 (a_n)과 (b_n)에 대하여, $\lim_{n\to\infty} a_n = \alpha$이고 $\lim_{n\to\infty} b_n = \beta$이면, 다음이 성립한다.

(가) 상수 k에 대하여, $\lim\limits_{n\to\infty} ka_n = k\alpha$이다.

(나) $\lim\limits_{n\to\infty} (a_n \pm b_n) = \alpha \pm \beta$. (복호동순)

(다) $\lim\limits_{n\to\infty} a_n b_n = \alpha\beta$.

(라) 만약 $\beta \neq 0$이면, $\lim\limits_{n\to\infty} \dfrac{a_n}{b_n} = \dfrac{\alpha}{\beta}$이다.

예제 5.10. 다음 수열의 극한을 구하여라.

(가) $\lim\limits_{n\to\infty} \left(2 + \dfrac{1}{n}\right)$,

(나) $\lim\limits_{n\to\infty} \left(3 + \dfrac{2}{n} + \dfrac{1}{n^2}\right)$,

(다) $\lim\limits_{n\to\infty} \left(\dfrac{2n+1}{n} \cdot \dfrac{3n^2+2n+1}{n^2}\right)$.

풀이. (가) $\lim_{n\to\infty} 1/n = 0$이므로,

$$\lim_{n\to\infty} \left(2 + \frac{1}{n}\right) = \lim_{n\to\infty} 2 + \lim_{n\to\infty} \frac{1}{n} = 2 + 0 = 2$$

이다.

(나) $\lim_{n\to\infty} 1/n = 0$이고 $\lim_{n\to\infty} 1/n^2 = 0$이므로

$$\lim_{n\to\infty} \left(3 + \frac{2}{n} + \frac{1}{n^2}\right) = \lim_{n\to\infty} 3 + 2 \lim_{n\to\infty} \frac{1}{2} + \lim_{n\to\infty} \frac{1}{n^2} = 3 + 2 \cdot 0 + 0 = 3$$

이다.

(다) $(2n+1)/n = 2+1/n)$이고 $(3n^2+2n+1)/n^2 = 3+2/n+1/n^2$이므로 (가)와 (나)에 따라서

$$\lim_{n\to\infty}\left(\frac{2n+1}{n}\cdot\frac{3n^2+2n+1}{n^2}\right) = 2\cdot 3 = 6$$

이다. □

만약 $\lim_{n\to\infty} a_n = \infty$, $\lim_{n\to\infty} b_n = \infty$, $\lim_{n\to\infty} c_n = 0$, $\lim_{n\to\infty} d_n = 0$이면 일반항이 각각

$$\frac{b_n}{a_n}, \qquad a_n - b_n, \qquad \frac{d_n}{c_n}, \qquad a_n \cdot c_n$$

인 수열의 수렴성은 결정할 수 없다. 이 경우는 일반항을 간단히 하여 수렴성을 판별해야 한다.

예제 5.11. 다음 수열의 극한을 구하여라.

(가) $\lim_{n\to\infty}\dfrac{2n+3}{n}$, (나) $\lim_{n\to\infty}\dfrac{n-2}{3n+4}$,

(다) $\lim_{n\to\infty}\dfrac{n^2+3n}{2n^2-n+4}$, (라) $\lim_{n\to\infty}\left(\sqrt{n^2+n}-n\right)$.

풀이. (가) 일반항을 간단히 하면

$$\lim_{n\to\infty}\frac{2n+3}{n} = \lim_{n\to\infty}\left(2+\frac{3}{n}\right) = \lim_{n\to\infty} 2 + \lim_{n\to\infty}\frac{3}{n} = 2$$

이다.

(나) 일반항의 분모와 분자를 각각 n으로 나누어 계산하면

$$\lim_{n\to\infty}\frac{n-2}{3n+4} = \lim_{n\to\infty}\frac{1-\frac{2}{n}}{3+\frac{4}{n}} = \frac{\lim_{n\to\infty} 1 - \lim_{n\to\infty}\dfrac{2}{n}}{\lim_{n\to\infty} 3 + \lim_{n\to\infty}\dfrac{4}{n}} = \frac{1-0}{3+0} = \frac{1}{3}$$

이다.

(다) 일반항의 분모와 분자를 각각 n^2으로 나누어 계산하면

$$\lim_{n\to\infty}\frac{n^2+3n}{2n^2-n+4} = \lim_{n\to\infty}\frac{1+\frac{3}{n}}{2-\frac{1}{n}+\frac{4}{n^2}} = \frac{\lim_{n\to\infty} 1 + \lim_{n\to\infty}\dfrac{3}{n}}{\lim_{n\to\infty} 2 - \lim_{n\to\infty}\dfrac{1}{n} + \lim_{n\to\infty}\dfrac{4}{n^2}} = \frac{1}{2}$$

이다.

(라) 분자를 유리화한 후 분모와 분자를 n으로 나누어 계산하면

$$\lim_{n\to\infty}(\sqrt{n^2+n}-n) = \lim_{n\to\infty}\frac{n}{\sqrt{n^2+n}+n} = \lim_{n\to\infty}\frac{1}{\sqrt{1+\frac{1}{n}}+1} = \frac{1}{2}$$

이다. □

5.2.2 수열의 극한과 부등식

수렴하는 두 수열에 대하여, 두 수열의 일반항에 부등식이 성립하면 두 수열의 극한에서도 부등식이 성립한다.

정리 5.6: 수열의 극한과 부등식

수열 (a_n)과 (b_n)에 대하여, 모든 n에서 $a_n \le b_n$이고 $\lim_{n\to\infty} a_n = \alpha$ 그리고 $\lim_{n\to\infty} b_n = \beta$이면 $\alpha \le \beta$이다.

위의 정리에 따라서 다음의 정리를 알 수 있다.

정리 5.7: 수열에 대한 조임정리

수열 (a_n), (b_n), (c_n)에 대하여, 모든 n에 대하여 $a_n \le c_n \le b_n$이고

$$\lim_{n\to\infty} a_n = \alpha = \lim_{n\to\infty} b_n$$

이면, $\lim_{n\to\infty} c_n = \alpha$이다.[a]

[a] 조임정리를 **샌드위치정리**라고도 한다.

예제 5.12. 극한 $\displaystyle\lim_{n\to\infty}\frac{\sin n}{n}$을 구하여라.

풀이. 모든 n에 대하여, $-1 \le \sin n \le 1$이므로

$$-\frac{1}{n} \le \frac{\sin n}{n} \le \frac{1}{n}$$

이다. 그런데

$$\lim_{n\to\infty}\left(-\frac{1}{n}\right) = 0 = \lim_{n\to\infty}\frac{1}{n}$$

이므로, 정리 5.7에 따라서

$$\lim_{n\to\infty}\frac{\sin n}{n} = 0$$

이다. □

5.2.3 등비수열의 극한

등비수열의 극한을 다음과 같이 정리할 수 있다.

정리 5.8: 등비수열의 극한

첫째 항이 영이 아닌 상수 a이고 공비가 r인 등비수열 (a_n)에 대하여, 다음이 성립한다.

(가) 만약 $1 < |r|$이면 (a_n)은 발산한다.

(나) 만약 $|r| < 1$이면 $\lim_{n\to\infty} a_n = 0$다.

(다) 만약 $r = 1$이면 $\lim_{n\to\infty} a_n = a$이다.

(라) 만약 $r = -1$이면 (a_n)은 진동하며 발산한다.

증명. (가) $1 < |r|$이라고 가정하자. $h = |r| - 1$이라고 놓자. 그러면

$$|r^n| = (1+h)^n \geq 1 + nh$$

이고 $\lim_{n\to\infty}(1+nh) = \infty$이므로 $\lim_{n\to\infty}|r^n| = \infty$이다. 이때 $1 < r$이면

$$\lim_{n\to\infty} a_n = a\lim_{n\to\infty} r^{n-1} = \begin{cases} \infty & (a > 0\text{일 때}), \\ -\infty & (a < 0\text{일 때}) \end{cases}$$

이고 $r < -1$이면 a_n은 부호가 바뀌면서 절댓값이 무한대로 발산한다. 따라서 (a_n)은 발산한다.

(나) $|r| < 1$이라고 가정하자. 만약 $r = 0$이면 $2 \leq n$인 모든 n에 대하여 $a_n = 0$

이므로 $\lim_{n\to\infty} a_n = 0$이다. 만약 $r \neq 0$이면 $1/|r| > 1$이므로

$$\lim_{n\to\infty} \frac{1}{|r|^n} = \lim_{n\to\infty} \left(\frac{1}{|r|}\right)^n = \infty$$

에 따라서

$$\lim_{n\to\infty} |a_n| = |a| \lim_{n\to\infty} |r|^{n-1} = |a| \cdot 0 = 0$$

이다. 따라서 $|r| < 1$인 경우 $\lim_{n\to\infty} a_n = 0$이다.

(다) $r = 1$이면 모든 n에 대하여 $a_n = a$이므로 $\lim_{n\to\infty} a_n = a$이다.

(라) $r = -1$이면 수열 (a_n)은

$$a, \quad -a, \quad a, \quad -a, \quad a, \quad \ldots$$

이므로 수열 (a_n)은 진동하며 발산한다. □

예제 5.13. 다음 수열의 극한을 구하여라.

(가) $\left(\dfrac{2^n}{3^n+1}\right)$, (나) $\left(\dfrac{2^n+3^n}{2^{2n}-2^n}\right)$.

풀이. (가) 분자와 분모를 각각 3^n으로 나누워서 계산하면

$$\lim_{n\to\infty} \frac{2^n}{3^n+1} = \lim_{n\to\infty} \frac{(\frac{2}{3})^n}{1+(\frac{1}{3})^n} = \frac{\lim_{n\to\infty}(\frac{2}{3})^n}{1+\lim_{n\to\infty}(\frac{1}{3})^n} = \frac{0}{1+0} = 0$$

이다.

(나) 분자와 분모를 각각 4^n으로 나누워서 계산하면

$$\lim_{n\to\infty} \frac{2^n+3^n}{2^{2n}-2^n} = \lim_{n\to\infty} \frac{(\frac{1}{2})^n+(\frac{3}{4})^n}{1-(\frac{1}{2})^n} = \frac{\lim_{n\to\infty}(\frac{1}{2})^n+\lim_{n\to\infty}(\frac{3}{4})^n}{1-\lim_{n\to\infty}(\frac{1}{2})^n} = \frac{0+0}{1-0} = 0$$

이다. □

연습문제 5.2

1. 다음 수열의 극한을 구하여라.

(가) $\left(\dfrac{n^3 - n^2}{2n^2 + n}\right)$,

(나) $\dfrac{1^2+2}{1 \cdot 1}, \dfrac{2^2+3}{2 \cdot 3}, \dfrac{3^2+4}{3 \cdot 5}, \dfrac{4^2+5}{4 \cdot 7}, \ldots$,

(다) $(\log(n^2 - 2) - \log(3n^2 + 1))$,

(라) $\sqrt{2}, \sqrt{2+\sqrt{2}}, \sqrt{2+\sqrt{2+\sqrt{2}}}, \ldots$.

2. 다음 극한을 구하여라.

(가) $\lim\limits_{n\to\infty} \dfrac{2^{2n} + 3^n}{4^n - 3^n}$,

(나) $\lim\limits_{n\to\infty} \dfrac{3n^2}{1 + 2 + \cdots + n}$,

(다) $\lim\limits_{n\to\infty} \left(\sqrt{n+1} - \sqrt{n-1}\right)$,

(라) $\lim\limits_{n\to\infty} \left(\sqrt{n^2 - 3n + 2} - \sqrt{n^2 + 3n + 2}\right)$.

3. 수열 (a_n)에 대하여 $\lim\limits_{n\to\infty} \dfrac{2a_n - 3}{a_n + 1} = 4$일 때, 극한 $\lim\limits_{n\to\infty} a_n$을 구하여라.

4. 다음 극한을 구하여라.

(가) $\lim\limits_{n\to\infty} \dfrac{2^{n+1} + 3^n}{2^{2n} - 3^n}$,

(나) $\lim\limits_{n\to\infty} \dfrac{3^{n+1} + 4^{n+1}}{3^n + 4^n}$.

5.3 수열의 부분합

수열 (a_n)의 m번째 항에서 n번째 항까지의 합 $a_m + a_{m+1} + \cdots + a_n$을

$$\sum_{k=m}^{n} a_k$$

로 나타낸다. 부분합 $\sum_{k=m}^{n} a_k$에서 k 대신에 다른 문자를 써서 $\sum_{i=m}^{n} a_i$와 같이 나타내어도 같은 부분합을 나타낸다.

보기 5.4. 자연수 n에 대하여,

$$1 + 2 + \cdots + n = \sum_{k=1}^{n} k, \qquad 1^2 + 2^2 + \cdots + n^2 = \sum_{k=1}^{n} k^2$$

이다.

예제 5.14. 합

$$\frac{1}{1 \cdot 2} + \frac{1}{2 \cdot 3} + \frac{1}{3 \cdot 4} + \cdots + \frac{1}{n \cdot (n+1)}$$

를 구하여라.

풀이. 자연수 k에 대하여

$$\frac{1}{k \cdot (k+1)} = \frac{1}{k} - \frac{1}{k+1}$$

이므로,

$$\begin{aligned} \sum_{k=1}^{n} \frac{1}{k(k+1)} &= \sum_{k=1}^{n} \left(\frac{1}{k} - \frac{1}{k+1} \right) \\ &= \left(1 - \frac{1}{2}\right) + \left(\frac{1}{2} - \frac{1}{3}\right) + \left(\frac{1}{3} - \frac{1}{4}\right) + \cdots + \left(\frac{1}{n} - \frac{1}{n+1}\right) \\ &= 1 - \frac{1}{n+1} \end{aligned}$$

이다. □

실수에 대한 덧셈과 곱셈의 기본성질에 따라서 수열의 부분합에 대한 다음의 성질을 알 수 있다.

정리 5.9: 수열의 부분합의 기본성질

수열 (a_n)과 (b_n) 그리고 상수 c에 대하여,

(가) $\displaystyle\sum_{k=m}^{n}(a_k+b_k)=\sum_{k=m}^{n}a_k+\sum_{k=m}^{n}b_k,$

(나) $\displaystyle\sum_{k=m}^{n}ca_k=c\sum_{k=m}^{n}a_k,$

(다) $\displaystyle\sum_{k=m}^{n}c=(n-m+1)c$

이다.

증명. (가) 부분합 $\sum_{k=m}^{n}a_k$와 $\sum_{k=m}^{n}b_k$에 대하여,

$$\begin{aligned}\sum_{k=m}^{n}(a_k+b_k)&=(a_m+b_m)+(a_{m+1}+b_{m+1})+\cdots+(a_n+b_n)\\&=(a_m+a_{m+1}+\cdots+a_n)+(b_m+b_{m+1}+\cdots+b_n)\\&=\sum_{k=m}^{n}a_k+\sum_{k=m}^{n}b_k\end{aligned}$$

이다.

(나) 부분합 $\sum_{k=m}^{n}ca_k$에 대하여,

$$\begin{aligned}\sum_{k=m}^{n}ca_k&=ca_m+ca_{m+1}+ca_{m+2}+\cdots+ca_n\\&=c(a_m+a_{m+1}+a_{m+2}+\cdots+a_n)\\&=c\sum_{k=m}^{n}a_k\end{aligned}$$

이다.

(다) 부분합 $\sum_{k=m}^{n} c$에 대하여,

$$\sum_{k=m}^{n} c = c + c + \cdots + c = (n-m+1)c$$

이다. □

예제 5.15. $\sum_{k=1}^{20} a_k = 10$와 $\sum_{k=1}^{20} b_k = 20$일때, 다음의 값을 구하여라.

(가) $\displaystyle\sum_{k=1}^{20}(a_k + 3b_k)$, (나) $\displaystyle\sum_{k=1}^{20}(3a_k - 4)$.

풀이. (가) $\sum_{k=1}^{20}(a_k + 3b_k) = \sum_{k=1}^{20} a_k + 3\sum_{k=1}^{20} b_k = 10 + 3 \cdot 20 = 70$.

(나) $\sum_{k=1}^{20}(3a_k - 4) = 3\sum_{k=1}^{20} a_k - \sum_{k=1}^{20} 4 = 3 \cdot 10 - 4 \cdot 20 = -50$. □

자연수의 거듭제곱을 항으로 하는 수열의 다음의 부분합을 정리하자.

정리 5.10: 자연수의 거듭제곱을 항으로 하는 수열의 부분합

자연수 n에 대하여,

$$\sum_{k=1}^{n} k = \frac{n(n+1)}{2}, \quad \sum_{k=1}^{n} k^2 = \frac{n(n+1)(2n+1)}{6}, \quad \sum_{k=1}^{n} k^3 = \left(\frac{n(n+1)}{2}\right)^2$$

이다.

증명. 부분합 $\sum_{k=1}^{n} k = 1 + 2 + \cdots + n$은 첫째 항이 1이고 공차가 1인 등차수열의 부분합이므로

$$\sum_{k=1}^{n} k = \frac{n(n+1)}{2}$$

이다.

항등식 $(x+1)^3 - x^3 = 3x^2 + 3x + 1$에서 변수 x에 $1, 2, \cdots, n$을 각각 대입하면

$$\begin{aligned} 2^3 - 1^3 &= 3 \cdot 1^2 + 3 \cdot 1 + 1 \\ 3^3 - 2^3 &= 3 \cdot 2^2 + 3 \cdot 2 + 1 \\ &\vdots \\ (n+1)^3 - n^3 &= 3 \cdot n^2 + 3 \cdot n + 1 \end{aligned}$$

이다. 위의 각 식을 모두 더하면

$$(n+1)^3 - 1^3 = 3\sum_{k=1}^{n} k^2 + 3\sum_{k=1}^{n} k + \sum_{k=1}^{n} 1$$

이다. 그런데 $\sum_{k=1}^{n} k = n(n+1)/2$이고 $\sum_{k=1}^{n} 1 = n$이므로

$$3\sum_{k=1}^{n} k^2 = (n+1)^3 - 1^3 - \frac{3n(n+1)}{2} - n = \frac{n(n+1)(2n+1)}{2}$$

즉,

$$\sum_{k=1}^{n} k^2 = \frac{n(n+1)(2n+1)}{6}$$

이다.

항등식 $(x+1)^4 - x^4 = 4x^3 + 6x^2 + 4x + 1$에서 변수 x에 $1, 2, \cdots, n$을 각각 대입하면

$$\begin{aligned} 2^4 - 1^4 &= 4 \cdot 1^3 + 6 \cdot 1^2 + 4 \cdot 1 + 1 \\ 3^4 - 2^4 &= 4 \cdot 2^3 + 6 \cdot 2^2 + 4 \cdot 2 + 1 \\ &\vdots \\ (n+1)^4 - n^4 &= 4 \cdot n^3 + 6 \cdot n^2 + 4 \cdot n + 1 \end{aligned}$$

이다. 위의 각 식을 모두 더하면

$$(n+1)^4 - 1^4 = 4\sum_{k=1}^{n} k^3 + 6\sum_{k=1}^{n} k^2 + 4\sum_{k=1}^{n} k + \sum_{k=1}^{n} 1$$

이다. 그런데

$$\sum_{k=1}^{n} k^2 = \frac{n(n+1)(2n+1)}{6}, \qquad \sum_{k=1}^{n} k = \frac{n(n+1)}{2}, \qquad \sum_{k=1}^{n} 1 = n$$

이므로

$$\begin{aligned}4\sum_{k=1}^{n} k^3 &= (n+1)^4 - 1^4 - n(n+1)(2n+1) - 2n(n+1) - n \\ &= n^2(n+1)^2\end{aligned}$$

즉,

$$\sum_{k=1}^{n} k^3 = \left(\frac{n(n+1)}{2}\right)^2$$

이다. □

예제 5.16. 일반항이 $a_n = 6n^2 - n + 4$인 수열의 첫째 항부터 n째 항까지의 합을 구하여라.

풀이. $\sum_{k=1}^{n} k^2 = n(n+1)(2n+1)/6$이고 $\sum_{k=1}^{n} k = n(n+1)/2$이므로

$$\begin{aligned}\sum_{k=1}^{n} a_k = \sum_{k=1}^{n}(6k^2 - k + 4) &= 6\sum_{k=1}^{n} k^2 - \sum_{k=1}^{n} k + 4\sum_{k=1}^{n} 1 \\ &= 6\cdot\frac{n(n+1)(2n+1)}{6} - \frac{n(n+1)}{2} + 4n \\ &= \frac{1}{2}n(4n^2+5n+9)\end{aligned}$$

이다. □

예제 5.17. 합

$$\sum_{k=1}^{n} kx^{k-1} = 1 + 2x + 3x^2 + \cdots + nx^{n-1}$$

을 구하여라.

풀이. 구하는 합을 S_n으로 놓자. 그러면

$$\begin{aligned}S_n &= 1 + 2x + 3x^2 + \cdots + nx^{n-1}, \\ xS_n &= \quad\quad x + 2x^2 + \cdots + (n-1)x^{n-1} + nx^n\end{aligned}$$

에서, 첫째 식에서 둘째 식을 빼면

$$S_n - xS_n = 1 + x + x^2 + \cdots + x^{n-1} - nx^n$$

이다. 만약 $x \neq 1$이면

$$(1-x)S_n = \frac{1-x^n}{1-x} - nx^n = \frac{1-(n+1)x^n + nx^{n+1}}{1-x}$$

이므로

$$S_n = \frac{1-(n+1)x^n + nx^{n+1}}{(1-x)^2}$$

이고, 만약 $x = 1$이면

$$S_n = 1 + 2 + \cdots + n = \frac{n(n+1)}{2}$$

이다. □

수열 (a_n)에 대하여, $b_n = a_{n+1} - a_n$ $(n = 1, 2, \cdots)$을 a_{n+1}과 a_n의 **계차**라고 하고, 새로운 수열 (b_n)을 수열 (a_n)의 **계차수열**이라고 한다.

정리 5.11: 계차수열의 성질

수열 (a_n)과 (b_n)에 대하여, 수열 (b_n)이 수열 (a_n)의 계차수열이면

$$a_{n+1} = a_1 + \sum_{k=1}^{n} b_k$$

이다.

증명. 수열 (b_n)이 수열 (a_n)의 계차수열이므로

$$\begin{aligned}\sum_{k=1}^{n} b_n &= (a_2 - a_1) + (a_3 - a_2) + \cdots + (a_n - a_{n-1}) + (a_{n+1} - a_n) \\ &= a_{n+1} - a_1\end{aligned}$$

이다. □

예제 5.18. 수열

$$2, \quad 3, \quad 6, \quad 11, \quad 18, \quad 27, \quad \ldots$$

의 일반항을 구하고, 첫째 항에서 n째 항까지의 합을 구하여라.

풀이. 주어진 수열을 (a_n)으로 놓고 이 수열의 계차수열을 (b_n)으로 놓자. 그러면 수열 (b_n)이

$$1, \quad 3, \quad 5, \quad 7, \quad 9, \quad \ldots$$

이므로 이 수열은 첫째 항이 1이고 공차가 2인 등차수열이므로,

$$b_n = 1 + (n-1)2 = 2n - 1$$

이다. $n \geq 2$일 때

$$a_n = a_1 + \sum_{k=1}^{n-1} b_k = 2 + \sum_{k=1}^{n-1}(2k-1) = 2 + 2\frac{n(n-1)}{2} - (n-1) = n^2 - 2n + 3$$

이다. 여기서 $n = 1$이면 $a_1 = 2$이므로, 첫째 항을 포함해서 구하려는 일반항은

$$a_n = n^2 - 2n + 3$$

이다. 그리고 수열 $\{a_n\}$의 첫째 항에서 제 n항까지의 합은

$$\begin{aligned}
\sum_{k=1}^{n} a_k = \sum_{k=1}^{n}(k^2 - 2k + 3) &= \sum_{k=1}^{n} k^2 - 2\sum_{k=1}^{n} k + 3\sum_{k=1}^{n} 1 \\
&= \frac{n(n+1)(2n+1)}{6} - 2\frac{n(n+1)}{2} + 3n \\
&= \frac{1}{6}n(2n^2 - 3n + 13)
\end{aligned}$$

이다. □

연습문제 5.3

1. 다음을 구하여라.

(가) $\displaystyle\sum_{k=1}^{n} k(k+2)$, (나) $\displaystyle\sum_{k=1}^{n}(k-1)(2k+3)$,

(다) $\displaystyle\sum_{k=1}^{n} \frac{1}{(3k-2)(3k+1)}$, (라) $\displaystyle\sum_{k=1}^{n} \frac{1}{\sqrt{2k+2}+\sqrt{2k}}$.

2. 수열

$$1+\frac{1}{2},\ 2+\frac{1}{4},\ 3+\frac{1}{8},\ 4+\frac{1}{16},\ \cdots$$

에 대하여 다음 물음에 답하여라.

(가) 일반항 a_n을 구하여라.

(나) 처음 n개 항의 합 S_n을 구하여라.

(디) S_n이 5000보다 크게 되는 n의 최솟값을 구하여라.

3. 다음의 값을 구하여라.

(가) $\dfrac{1}{1\cdot 3}+\dfrac{1}{3\cdot 5}+\dfrac{1}{5\cdot 7}+\cdots+\dfrac{1}{(2n-1)(2n+1)}$,

(나) $1+3\cdot 2+5\cdot 2^2+\cdots+(2n-1)\cdot 2^{n-1}$.

4. 수열

$$1,\ \frac{1}{2},\ \frac{2}{2},\ \frac{1}{3},\ \frac{2}{3},\ \frac{3}{3},\ \frac{1}{4},\ \frac{2}{4},\ \frac{3}{4},\ \frac{4}{4},\ \frac{1}{5},\ \frac{2}{5},\ \cdots$$

에 대하여 다음 물음에 답하여라.

(가) 13/29은 몇째 항인가? (나) 제 244항은 어떤 수인가?

5.4 무한급수

5.4.1 무한급수

수열 (a_n)에 대하여,

$$a_1 + a_2 + a_3 + \cdots + a_n + \cdots$$

을 (a_n)에 대한 **무한급수**라고 한다. 이 무한급수를 기호 $\sum$을 이용하여

$$\sum_{n=1}^{\infty} a_n$$

로도 나타낸다.

무한급수 $\sum_{n=1}^{\infty} a_n$에 대하여, 첫째 항부터 n번째 항까지의 합

$$S_n = a_1 + a_2 + \cdots + a_n$$

을 무한급수 $\sum_{n=1}^{\infty} a_n$의 n**번째 부분합** 또는 간단히 **부분합**이라고 한다.

무한급수 $\sum_{n=1}^{\infty} a_n$에 대하여, 부분합의 수열 (S_n)이 일정한 수 S에 수렴하면 즉, $\lim_{n\to\infty} S_n = S$이면 무한급수 $\sum_{n=1}^{\infty} a_n$이 S에 **수렴한다**고 한다. 이때 S를 무한급수 $\sum_{n=1}^{\infty} a_n$의 **합**이라고 하고

$$a_1 + a_2 + a_3 + \cdots + a_n + \cdots = S \quad \text{또는} \quad \sum_{n=1}^{\infty} a_n = S$$

로 나타낸다. 수열 (S_n)이 발산하면 무한급수 $\sum_{n=1}^{\infty} a_n$은 **발산한다**고 한다.

무한급수 $\sum_{n=1}^{\infty} a_n$이 양의 무한대로 발산하면 $\sum_{n=1}^{\infty} a_n = \infty$로 나타내고, 음의 무한대로 발산하면 $\sum_{n=1}^{\infty} a_n = -\infty$로 나타낸다.

예제 5.19. 다음 무한급수의 첫째 항부터 n번째 항까지의 부분합 S_n을 구하여라.

(가) $\displaystyle\sum_{n=1}^{\infty} \frac{1}{n(n+1)}$, (나) $\displaystyle\sum_{n=1}^{\infty} \left(\frac{1}{2}\right)^{n-1}$.

풀이. (가) 부분분수로 변형하여 계산하면

$$S_n = \sum_{k=1}^{n} \frac{1}{k(k+1)} = \sum_{k=1}^{n} \left(\frac{1}{k} - \frac{1}{k+1}\right) = 1 - \frac{1}{n+1} = \frac{n}{n+1}$$

이다.

(나) 첫째 항이 1이고 공비가 1/2인 등비수열의 첫째 항부터 n번째 항까지의 합이므로

$$S_n = \sum_{k=1}^{n} \left(\frac{1}{2}\right)^{k-1} = \frac{1 \cdot (1-(\frac{1}{2})^n)}{1-\frac{1}{2}} = 2 \cdot \left(1 - \frac{1}{2^n}\right)$$

이다. □

예제 5.20. 다음 무한급수가 수렴하는지 발산하는지를 조사하여라.

(가) $\displaystyle\sum_{n=1}^{\infty} \frac{1}{n(n+2)}$, (나) $\displaystyle\sum_{n=1}^{\infty} (\sqrt{n+1} - \sqrt{n})$.

풀이. (가) 첫째 항부터 n번째 항까지의 부분합을 구하면

$$S_n = \sum_{k=1}^{n} \frac{1}{k(k+2)} = \frac{1}{2}\sum_{k=1}^{n}\left(\frac{1}{k} - \frac{1}{k+2}\right) = \frac{1}{2}\left(\frac{3}{2} - \frac{1}{n+1} - \frac{1}{n+2}\right)$$

이므로

$$\lim_{n\to\infty} S_n = \frac{3}{4}$$

이다. 따라서 $\sum_{n=1}^{\infty} \dfrac{1}{(n+1)(n+2)}$은 3/4에 수렴한다.

(2) 부분합이

$$S_n = \sum_{k=1}^{n} (\sqrt{k+1} - \sqrt{k}) = \sqrt{n+1} - 1$$

이므로

$$\lim_{n\to\infty} S_n = \infty$$

이다. 따라서 $\sum_{n=1}^{\infty} (\sqrt{n+1} - \sqrt{n})$은 양의 무한대로 발산한다. □

5.4.2 무한등비급수

첫째 항이 a이고 공비가 r인 등비수열 (a_n)에 대한 무한급수

$$\sum_{n=1}^{\infty} ar^{n-1} = a + ar + ar^2 + \cdots$$

를 **무한등비급수**[2]라고 한다.

무한등비급수의 첫째 항부터 n번째 항까지의 부분합은

$$\begin{aligned} S_n &= a + ar + ar^2 + \cdots + ar^{n-1} \\ &= \begin{cases} \dfrac{a(1-r^n)}{1-r} & (r \neq 1\text{인 경우}), \\ na & (r = 1\text{인 경우}) \end{cases} \end{aligned}$$

이다.

만약 $a = 0$이면 $\sum_{n=1}^{\infty} ar^{n-1} = 0$이다. $a \neq 0$인 경우는 무한등비급수의 수렴성을 다음과 같이 정리할 수 있다.

(가) 만약 $r = 1$이면,

$$\sum_{n=1}^{\infty} ar^{n-1} = \lim_{n\to\infty} na = \begin{cases} +\infty & (a > 0\text{인 경우}), \\ -\infty & (a < 0\text{인 경우}) \end{cases}$$

이다.

(나) 만약 $|r| < 1$이면, $\lim_{n\to\infty} r^n = 0$이므로

$$\sum_{n=1}^{\infty} ar^{n-1} = \lim_{n\to\infty} \frac{a(1-r^n)}{1-r} = \frac{a}{1-r}$$

이다.

(다) $|r| > 1$ 또는 $r = -1$이면, 등비수열 (r^n)은 발산하므로 부분합의 수열 (S_n)도 발산한다. 따라서 무한등비급수 $\sum_{n=1}^{\infty} ar^{n-1}$은 발산한다.

위의 내용을 요약하면 다음과 같다.

[2]무한등비급수를 **기하급수**라고도 한다.

정리 5.12: 무한등비급수의 수렴성

첫째 항이 영이 아닌 상수 a이고 공비가 r인 무한등비급수 $\sum_{n=1}^{\infty} ar^{n-1}$에 대하여, 다음이 성립한다.

(가) 만약 $|r| < 1$이면

$$\sum_{n=1}^{\infty} ar^{n-1} = \frac{a}{1-r}$$

이다.

(나) 만약 $|r| \geq 1$이면 무한등비급수 $\sum_{n=1}^{\infty} ar^{n-1}$은 발산한다.

예제 5.21. 다음 무한등비급수가 수렴하는지 판별하여라.

(가) $\displaystyle\sum_{n=1}^{\infty} \frac{3}{2^n}$, (나) $\displaystyle\sum_{n=1}^{\infty} \left(-\frac{1}{6}\right)^n \left(\frac{2}{3}\right)^{2n}$,

(다) $1 - \sqrt{3} + 3 - 3\sqrt{3} + \cdots$, (라) $2 - 2 + 2 - 2 + 2 - \cdots$.

풀이. (가) 무한등비급수의 첫째 항이 $a = 3/2$이고 공비가 $r = 1/2$이므로, 정리 5.12에 따라서 주어진 무한급수는 수렴하며

$$\sum_{n=1}^{\infty} \frac{3}{2^n} = \frac{\frac{3}{2}}{1-\frac{1}{2}} = 3$$

이다.

(나) 무한등비급수의 첫째 항이 $a = -2/27$이고 공비가 $r = -2/27$이므로, 정리 5.12에 따라서 주어진 무한급수는 수렴하며

$$\sum_{n=1}^{\infty} \left(-\frac{1}{6}\right)^n \left(\frac{2}{3}\right)^{2n} = \frac{-\frac{2}{27}}{1-\left(-\frac{2}{27}\right)} = \frac{-\frac{2}{27}}{\frac{29}{27}} = -\frac{2}{29}$$

이다.

(다) 무한등비급수의 공비는 $r = -\sqrt{3}$이고 $1 \leq |-\sqrt{3}|$이므로 정리 5.12에 따라서 주어진 무한등비급수는 발산한다.

(라) 무한등비급수의 첫째 항은 2이고 공비는 $r = -1$이므로, 주어진 무한등비급수는 진동하며 발산한다. □

예제 5.22. 무한급수 $\sum_{n=1}^{\infty}(1/3)^n \cos(n\pi/2)$의 합을 구하여라.

풀이. n이 홀수일 때 $\cos(n\pi/2) = 0$이므로,

$$\begin{aligned}\sum_{n=1}^{\infty}\left(\frac{1}{3}\right)^n \cos\left(\frac{n\pi}{2}\right) &= \left(\frac{1}{3}\right)^2 \cos(\pi) + \left(\frac{1}{3}\right)^4 \cos(2\pi) + \left(\frac{1}{3}\right)^6 \cos(3\pi) + \cdots \\ &= -\left(\frac{1}{3}\right)^2 + \left(\frac{1}{3}\right)^4 - \left(\frac{1}{3}\right)^6 + \left(\frac{1}{3}\right)^8 + \cdots \\ &= \frac{-\frac{1}{9}}{1-\left(-\left(\frac{1}{3}\right)^2\right)} = \frac{-\frac{1}{9}}{\frac{10}{9}} = -\frac{1}{10}\end{aligned}$$

이다. □

수열의 극한의 성질에 따라서 수렴하는 무한급수의 성질을 다음과 같이 정리할 수 있다.

정리 5.13: 무한급수의 성질

무한급수 $\sum_{n=1}^{\infty} a_n$와 $\sum_{n=1}^{\infty} b_n$에 대하여,

$$\sum_{n=1}^{\infty} a_n = A, \qquad \sum_{n=1}^{\infty} b_n = B$$

이면 다음이 성립한다.

(가) 임의의 상수 k에 대하여, $\displaystyle\sum_{n=1}^{\infty} ka_n = kA$이다.

(나) $\displaystyle\sum_{n=1}^{\infty}(a_n \pm b_n) = A + B.$ (복호동순)

예제 5.23. 무한급수 $\displaystyle\sum_{n=1}^{\infty} \frac{2^n + 3^n}{4^n}$의 합을 구하여라.

풀이. 정리 5.13를 따라 계산하면

$$\begin{aligned}\sum_{n=1}^{\infty}\frac{2^n+3^n}{4^n} &= \sum_{n=1}^{\infty}\left(\frac{1}{2}\right)^n+\sum_{n=1}^{\infty}\left(\frac{3}{4}\right)^n \\ &= \frac{\frac{1}{2}}{1-\frac{1}{2}}+\frac{\frac{3}{4}}{1-\frac{3}{4}} \\ &= 1+3=4\end{aligned}$$

이다. □

연습문제 5.4

1. 다음 무한급수가 수렴하는지 발산하는지를 조사하여라.

(가) $0.9+0.03+0.001+\cdots$,

(나) $1+\dfrac{\sqrt{3}-1}{3}+\left(\dfrac{\sqrt{3}-1}{3}\right)^2+\cdots$,

(다) $\displaystyle\sum_{n=1}^{\infty}(-1)^n\frac{1}{2^n}$,

(라) $\displaystyle\sum_{n=1}^{\infty}\left(\frac{2^n}{3^n}-\frac{4^n}{5^n}\right)$,

(마) $\displaystyle\sum_{n=1}^{\infty}\frac{1}{(3n-1)(3n+1)}$,

(바) $\displaystyle\sum_{n=1}^{\infty}\frac{1}{\sqrt{n}+\sqrt{n+1}}$,

(사) $\displaystyle\sum_{n=1}^{\infty}\frac{3}{(-5)^{n+2}}$,

(아) $\displaystyle\sum_{n=1}^{\infty}4\left(\frac{6}{5}\right)^{n-1}$.

2. 다음 무한급수의 합을 구하여라.

(가) $\displaystyle\sum_{n=1}^{\infty}\left\{\left(\frac{1}{2}\right)^{n-1}-\left(\frac{1}{3}\right)^{n-1}\right\}$,

(나) $\displaystyle\sum_{n=1}^{\infty}\left(\frac{2}{3}\right)^n\cos\left(\frac{(3n+1)\pi}{3}\right)$.

3. 다음 무한등비급수가 수렴하도록 x값의 범위를 정하여라.

(가) $\displaystyle\sum_{n=1}^{\infty}\left(\frac{3x+1}{2}\right)^n$,

(나) $\displaystyle\sum_{n=1}^{\infty}\left(\frac{3}{x-2}\right)^n$.

제 6 장

함수의 미분

이 장에서는 함수의 미분에 대하여 알아본다. 먼저 함수의 극한과 연속성에 대하여 탐구하고 평균값의 정리 등 함수의 미분에 대한 여러 개념을 살펴본다. 함수의 미분을 응용하여 함수의 그래프의 요철에 대하여 알아보고 최대최소정리 등을 살펴본다.

6.1 함수의 극한

6.1.1 함수의 극한

함수 $f\colon I \to \mathbb{R}$와 점 $a \in I$에 대하여, x가 a에 한없이 가까이 접근할 때 $f(x)$가 일정한 값에 한없이 접근함을 다음과 같이 정의하자.

정의 6.1: 함수의 극한

함수 $f\colon I \to \mathbb{R}$와 I나 또는 I의 경계에 놓인 a에 대하여, x가 a는 아니면서 a에 한없이 가까워질 때 $f(x)$가 일정한 값 L에 한없이 가까워지면 a에서 함수 f의 **극한**은 L이라고 하고

$$\lim_{x \to a} f(x) = L$$

로 나타낸다.

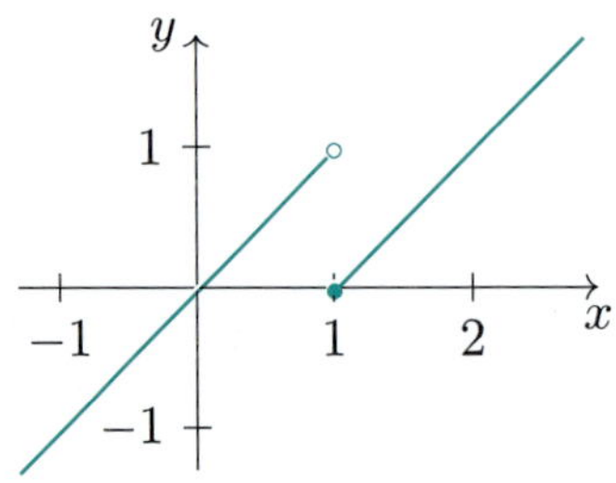

그림 6.1 1에서 극한이 존재하지 않는 함수 f의 그래프

보기 6.1. 함수 $f\colon \mathbb{R} \to \mathbb{R}$이

$$f(x) = \begin{cases} x & x < 1\text{일 때}, \\ x - 1 & 1 \le x\text{일 때} \end{cases}$$

로 정의될 때, 그림 6.1와 같이 x가 오른쪽에서 1로 접근하면 $f(x)$는 1에 접근하고 x가 왼쪽에서 1로 접근하면 $f(x)$는 0에 접근하므로 1에서 f의 극한은 존재하지 않는다.

극한이 양의 무한대나 음의 무한대인 경우를 다음과 같이 정의한다.

정의 6.2: 극한이 무한대인 함수

함수 $f\colon I \to \mathbb{R}$와 I나 또는 I의 경계에 놓인 a에 대하여, x가 a가 아니면서 a에 한없이 가까워질 때 $f(x)$가 양이면서 그 절댓값이 한없이 커지면 a에서 f의 극한은 양의 무한대라고 하고

$$\lim_{x\to a} f(x) = \infty$$

로 나타낸다. 만약 x가 a가 아니면서 a에 한없이 가까워질 때 $f(x)$가 음이면서 그 절댓값이 한없이 커지면 a에서 f의 극한은 음의 무한대라고 하고

$$\lim_{x\to a} f(x) = -\infty$$

로 나타낸다.

보기 6.2. 함수 $f(x) = 1/x^2$에 대하여, x가 0에 한없이 가까워질 때 $1/x^2$은 한없이 커진다. 따라서 $\lim_{x\to 0} 1/x^2 = \infty$이다.

x가 양의 무한대로 한없이 커지거나 또는 음의 무한대로 한없이 작아질 때 함수의 극한을 다음과 같이 정의한다.

정의 6.3: 무한대에서의 함수의 극한

함수 f에 대하여, x의 값이 양이면서 그 절댓값이 한없이 커질 때 함수 $f(x)$의 값이 일정한 값 L_1로 한없이 가까워지면, 양의 무한대에서 f의 극한은 L_1이라고 하고

$$\lim_{x\to\infty} f(x) = L_1$$

로 나타낸다. 또한, x의 값이 음이면서 그 절댓값이 한없이 커질 때 함수 $f(x)$의 값이 일정한 값 L_2로 한없이 가까워지면, 음의 무한대에서 f의 극한은 L_2이라고 하고

$$\lim_{x\to-\infty} f(x) = L_2$$

로 나타낸다.

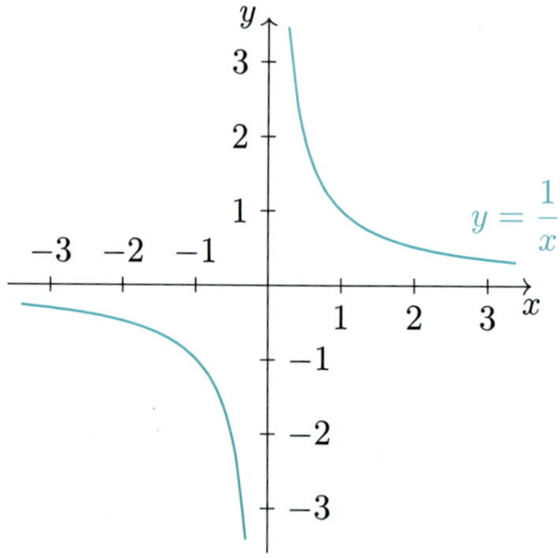

그림 6.2 함수 $f(x) = \frac{1}{x}$의 그래프

보기 6.3. 함수 $f(x) = 1/x$에 대하여, 그림 6.2에서와 같이 x가 한없이 커질 때 $f(x)$는 0으로 가까워지므로

$$\lim_{x \to \infty} \frac{1}{x} = 0$$

이다. 또한 x가 음의 무한대로 한없이 작아질 때 $f(x)$는 0으로 가까워지므로

$$\lim_{x \to -\infty} \frac{1}{x} = 0$$

이다.

6.1.2 함수의 우극한과 좌극한

예제 6.1. 함수 $f(x) = |x|/x$에 대하여, 극한

$$\lim_{x \to 0} \frac{|x|}{x}$$

이 존재하는지 판별하여라.

풀이. $0 < x$일 때 $|x| = x$이므로 $f(x) = |x|/x = x/x = 1$이고, $x < 0$일 때 $|x| = -x$이므로 $f(x) = |x|/x = -x/x = -1$이다. 따라서 그림 6.3에서와 같이, 양의 실수 x가

0에 가까워지면 $f(x)$는 1에 가까워지고, 음의 실수 x가 0에 가까워지면 $f(x)$는 -1에 가까워진다. 따라서 극한 $\lim_{x\to 0}|x|/x$은 존재하지 않는다. □

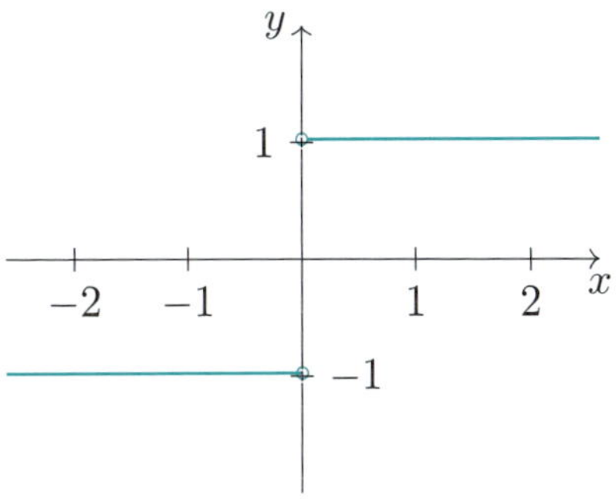

그림 6.3 함수 $f(x) = \dfrac{|x|}{x}$의 그래프

함수 $f\colon I \to \mathbb{R}$와 $a \in I$에 대하여, x가 a보다 크면서 a로 한없이 가까워지거나 x가 a보다 작으면서 a로 한없이 가까워질 때 $f(x)$가 일정한 값이 한없이 가까워짐을 다음과 같이 정의하자.

정의 6.4: 함수의 우극한과 좌극한

함수 $f\colon I \to \mathbb{R}$와 $a \in I$에 대하여, x가 a보다 큰 쪽에서 a에 가까워질 때 $f(x)$가 일정한 값 L에 한없이 가까워지면 a에서 f는 **오른쪽에서 L에 수렴한다**라고 하고 L을 a에서 f의 **우극한**이라 하며

$$\lim_{x\to a^+} f(x) = L$$

로 나타낸다. 또한 x가 a보다 작은 쪽에서 a에 가까워질 때 함숫값 $f(x)$가 일정한 값 L에 한없이 가까워지면, a에서 f는 **왼쪽에서 L에 수렴한다**라고 하고 L을 a에서 f의 **좌극한**이라고 하며

$$\lim_{x\to a^-} f(x) = L$$

로 나타낸다.

특히, 우극한과 좌극한이 존재하고 그의 값이 같으면 그 값은 함수의 극한값이다. 즉,

$$\lim_{x\to a^+} f(x) = L = \lim_{x\to a^-} f(x)$$

은 $\lim_{x\to a} f(x) = L$이기 위한 필요충분조건이다.

보기 6.4. 함수 $f(x) = |x|/x$에 대하여,

$$\lim_{x\to 0^+} \frac{|x|}{x} = 1 \quad \text{그리고} \quad \lim_{x\to 0^-} \frac{|x|}{x} = -1$$

이다.

6.1.3 함수 극한의 성질

함수의 극한에 대해서 다음과 같은 성질을 알 수 있다.

정리 6.1: 함수 극한의 기본성질

함수 $f\colon I \to \mathbb{R}$와 $g\colon I \to \mathbb{R}$에 대하여

$$\lim_{x\to a} f(x) = A \quad \text{그리고} \quad \lim_{x\to a} g(x) = B$$

이면,

(가) 상수 c에 대하여 $\displaystyle\lim_{x\to a} cf(x) = cA$,

(나) $\lim_{x\to a}(f(x) + g(x)) = A + B$,

(다) $\displaystyle\lim_{x\to a} f(x)g(x) = AB$,

(라) $B \neq 0$이면 $\displaystyle\lim_{x\to a} \frac{f(x)}{g(x)} = \frac{A}{B}$

이다.

위의 정리에서 a가 ∞ 또는 $-\infty$일 때도 정리가 성립한다.

예제 6.2. 다음 극한을 구하여라.

(가) $\displaystyle\lim_{x\to 1}(2x-1)(x^2+2x-1)$, (나) $\displaystyle\lim_{x\to 1} \frac{x^3-1}{x+1}$.

풀이. (가) $\lim_{x\to1}(2x-1)=1$이고 $\lim_{x\to1}(x^2+2x-1)=2$이므로

$$\lim_{x\to1}(2x-1)(x^2+2x-1)=\lim_{x\to1}(2x-1)\lim_{x\to1}(x^2+2x-1)=1\cdot2=2$$

이다.

(나) $\lim_{x\to1}\dfrac{x^3-1}{x+1}=\dfrac{\lim_{x\to1}x^3-1}{\lim_{x\to1}x+1}=\dfrac{1-1}{1+1}=0.$ □

x가 어떤 수에 한없이 가까이 갈 때, 함수

$$\frac{f(x)}{g(x)},\quad f(x)\cdot g(x),\quad f(x)-g(x)$$

의 값이 $0/0$, ∞/∞, $0\times\infty$, $\infty-\infty$와 같은 꼴에 가까와지는 경우에는, 이 극한을 **부정형**이라고 한다. 극한이 부정형인 경우에도 주어진 식을 적당히 변형하면 극한을 구할 수 있는 경우가 있다.

예제 6.3. 다음 극한을 구하여라.

(가) $\lim_{x\to1}\dfrac{x^2-x}{x^2-1}$, (나) $\lim_{x\to\infty}\dfrac{2x^2+1}{3x^2-1}$.

풀이. (가) $\lim_{x\to1}(x^2-x)=0$이고 $\lim_{x\to1}(x^2-1)=0$이므로 주어진 극한은 $0/0$ 꼴의 부정형이다. 분모와 분자를 인수분해하여 계산하면

$$\lim_{x\to1}\frac{x^2-x}{x^2-1}=\lim_{x\to1}\frac{x(x-1)}{(x+1)(x-1)}=\lim_{x\to1}\frac{x}{x+1}=\frac{1}{2}$$

이다.

(나) $\lim_{x\to\infty}(2x^2+1)=\infty$이고 $\lim_{x\to\infty}(3x^2-1)=\infty$이므로 주어진 극한은 ∞/∞꼴의 부정형이다. 분모와 분자를 x^2으로 나누어 계산하면

$$\lim_{x\to\infty}\frac{2x^2+1}{3x^2-1}=\lim_{x\to\infty}\frac{2+\frac{1}{x^2}}{3-\frac{1}{x^2}}=\frac{2}{3}$$

이다. □

6.1.4 함수 극한에 대한 압축정리

함수의 대소관계를 비교하여 함수의 극한을 구할 수 있다.

정리 6.2: 압축정리

함수 f와 g와 h가 $x = a$의 근방에서 $f(x) \le h(x) \le g(x)$이고

$$\lim_{x \to a} f(x) = L = \lim_{x \to a} g(x)$$

이면

$$\lim_{x \to a} h(x) = L$$

이다.[a]

[a]압축정리를 **샌드위치 정리**라고도 한다.

예제 6.4. 극한 $\lim_{x \to 0} x \sin(1/x)$을 구하여라.

풀이. $|x \sin(1/x)| \le |x|$이므로

$$-|x| \le x \sin \frac{1}{x} \le |x|$$

이다. 한편, $\lim_{x \to 0} |x| = 0 = \lim_{x \to 0}(-|x|)$이므로 정리 1.5에 따라서

$$\lim_{x \to 0} x \sin \frac{1}{x} = 0$$

이다. □

오일러 상수 e는

$$\lim_{x \to 0}(1+x)^{\frac{1}{x}} = e$$

로 정의된다. 이때 $\lim_{t \to \infty} \left(1 + \frac{1}{t}\right)^t = \lim_{x \to 0}(1+x)^{\frac{1}{x}}$이므로

$$\lim_{t \to \infty} \left(1 + \frac{1}{t}\right)^t = e$$

이다.

예제 6.5. 다음 극한을 구하여라.

(가) $\lim_{x\to 0}(1+3x)^{\frac{1}{x}}$, (나) $\lim_{x\to\infty}\left(1+\frac{4}{x}\right)^x$.

풀이. (가) $t=3x$로 놓으면, x의 값이 0에 한없이 가까워질 때 t의 값도 0에 한없이 가까워지므로

$$\lim_{x\to 0}(1+3x)^{\frac{1}{x}} = \lim_{x\to 0}(1+3x)^{\frac{1}{3x}\cdot 3} = \lim_{t\to 0}\left\{(1+t)^{\frac{1}{t}}\right\}^3 = e^3$$

이다.

(나) $t=x/4$로 놓으면, x의 값이 한없이 커질 때 t의 값도 한없이 커지므로

$$\lim_{x\to\infty}\left(1+\frac{4}{x}\right)^x = \lim_{t\to\infty}\left(1+\frac{4}{4t}\right)^{4t} = \lim_{t\to\infty}\left\{\left(1+\frac{1}{t}\right)^t\right\}^4 = e^4$$

이다. □

연습문제 6.1

1. 다음 극한을 구하여라.

(가) $\lim_{x\to 1}\frac{x^2-1}{x-1}$, (나) $\lim_{x\to\infty}\frac{x^2-2x+2}{2x^2-1}$,

(다) $\lim_{x\to 2}\frac{\ln x}{x-1}$, (라) $\lim_{x\to 0^+}\frac{|x|}{x}$.

2. 다음 식이 성립하도록 상수 a와 b를 구하여라.

(가) $\lim_{x\to -1}\frac{x^2+ax+b}{x+1}=1$, (나) $\lim_{x\to 2}\frac{\sqrt{x+a}-\sqrt{b}}{x-2}=\frac{1}{2}$.

3. 함수 g에 대해서,

$$|g(x)+5| < 3(4-x)^2$$

이다. 압축정리를 사용하여 극한 $\lim_{x\to 4}g(x)$를 구하여라.

4. 압축정리를 사용하여, 극한

$$\lim_{x \to 1}(x-1)^2 \sin \frac{1}{\sqrt[3]{x-1}}$$

을 구하여라.

5. 다음 극한을 구하여라.

(가) $\lim_{x \to 0}(1+2x)^{\frac{3}{x}}$, (나) $\lim_{x \to \infty}\left(1+\frac{1}{x}\right)^{3x}$.

6.2 함수의 연속

구간 I에 정의된 함수에 대하여, 함숫값이 갑자기 뛰지 않고 정의된 함수를 다음과 같이 정의한다.

정의 6.5: 함수의 연속

함수 $f: I \to \mathbb{R}$와 $a \in I$에 대하여,

$$\lim_{x \to a} f(x) = f(a)$$

이면 f는 a에서 **연속**이라고 한다. 만약 I의 모든 점에서 f가 연속이면 f는 **연속 함수**라고 한다.

함수 f가 점 a에서 연속이면 극한 $\lim_{x\to a} f(x)$가 존재한다. 따라서 극한이 존재하지 않는 점에서는 함수 f는 연속이지 않다.

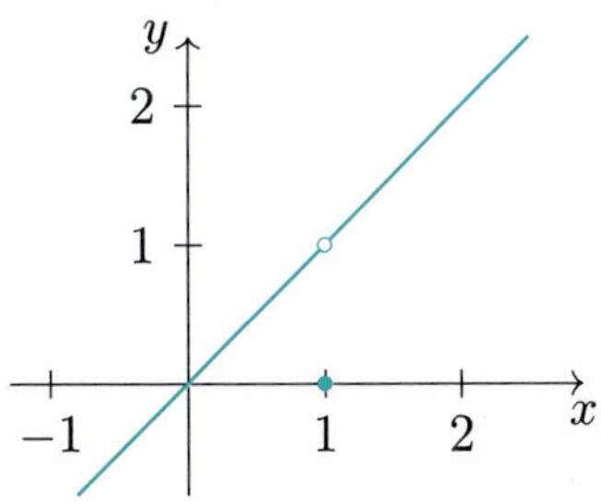

그림 6.4 1에서 연속이지 않는 함수

보기 6.5. 함수 $f: \mathbb{R} \to \mathbb{R}$이 그림 6.4에서와 같이

$$f(x) = \begin{cases} x & x \neq 1\text{일 때}, \\ 0 & x = 1\text{일 때} \end{cases}$$

로 정의될 때, $\lim_{x\to 1} f(x) = 1$이지만 $f(1) = 0$이므로 f는 1에서 연속이지 않는다.

자연수 n에 대하여 함수 $g(x) = x^n$은 연속이고 함수 $h(x) = \sqrt{x}$는 연속이므로 다음을 알 수 있다.

정리 6.3: 함수 극한의 성질

함수 $f: I \to \mathbb{R}$에 대하여

$$\lim_{x \to a} f(x) = A,$$

이면,

(가) 자연수 n에 대하여 $\lim_{x \to a}\{f(x)\}^n = A^n$이고

(나) 만약 $0 < A$이면 $\lim_{x \to a} \sqrt{f(x)} = \sqrt{A}$

이다. 여기서 a가 ∞ 또는 $-\infty$일 때도 정리가 성립한다.

예제 6.6. 다음 극한을 구하여라.

(가) $\lim_{x \to 1} \sqrt{3x-1}$, (나) $\lim_{x \to \infty} (\sqrt{x^2+x} - x)$,

(다) $\lim_{x \to \infty} \frac{x^2-2x+3}{3x^2+1}$, (라) $\lim_{x \to 4} \sqrt{\frac{x^2-3x-4}{x-4}}$.

풀이. (가) $\lim_{x \to 1} \sqrt{3x-1} = \sqrt{\lim_{x \to 1}(3x-1)} = \sqrt{2}$.

(나) $\lim_{x \to \infty} (\sqrt{x^2+x} - x) = \lim_{x \to \infty} \frac{x}{\sqrt{x^2+x}+x} = \frac{1}{2}$.

(다) $\lim_{x \to \infty} \frac{x^2-2x+3}{3x^2+1} = \lim_{x \to \infty} \frac{1 - \frac{2}{x} + \frac{3}{x^2}}{3 + \frac{1}{x^2}} = \frac{1}{3}$.

(라) $\lim_{x \to 4} \sqrt{\frac{x^2-3x-4}{x-4}} = \lim_{x \to 4} \sqrt{x+1} = \sqrt{5}$. □

함수 극한의 기본성질에 대한 정리 6.1에 따라서 연속함수의 기본적인 성질을 다음과 같이 정리할 수 있다.

정리 6.4: 연속함수의 기본성질

함수 $f: I \to \mathbb{R}$와 $g: I \to \mathbb{R}$에 대하여, f와 g가 a에서 연속이면 함수 cf와 $f+g$와 $f \cdot g$도 a에서 연속이다. 여기서 c는 상수이다. f와 g가 a에서 연속이고 $g(a) \neq 0$이면 f/g는 a에서 연속이다.

증명. 함수 f와 g가 a에서 연속이라고 가정하자. 그러면 $\lim_{x\to a} f(x) = f(a)$이고 $\lim_{x\to a} g(x) = g(a)$이므로

$$\begin{aligned} \lim_{x\to a} cf(x) &= c\lim_{x\to a} f(x) = af(a), \\ \lim_{x\to a}(f(x)+g(x)) &= \lim_{x\to a} f(x) + \lim_{x\to a} g(x) = f(a)+g(a), \\ \lim_{x\to a} f(x)\cdot g(x) &= \lim_{x\to a} f(x)\cdot \lim_{x\to a} g(x) = f(a)\cdot + g(a) \end{aligned}$$

이다. 또한 $g(a) \neq 0$이면

$$\lim_{x\to a}\frac{f(x)}{g(x)} = \frac{\lim_{x\to a} f(x)}{\lim_{x\to a} g(x)} = \frac{f(a)}{g(a)}$$

이다. □

상수함수 $f(x) = c$와 항등함수 $f(x) = x$는 모든 실수에서 연속이다. 그러므로 정리 6.4에 따라서 다항함수와 유리함수의 연속성을 알 수 있다.

정리 6.5: 다항함수와 유리함수의 연속성

다항함수 $f(x) = a_0 + a_1x + \cdots + a_nx^n$ $(a_n \neq 0)$는 모든 실수에서 연속이고, 유리함수 $f(x) = \dfrac{g(x)}{h(x)}$ $(g(x), h(x)$는 다항함수$)$는 그 정의역에 놓인 모든 점에서 연속이다.

6.2.1 함수의 합성과 연속

함수 $f\colon I \to J$와 $g\colon J \to \mathbb{R}$의 합성함수 $h = g\circ f$를 생각하자. 만약 함수 f가 a에서 연속이고 함수 g가 $f(a)$에서 연속이면

$$\lim_{x\to a} f(x) = f(a), \qquad \lim_{y\to f(a)} g(y) = g(f(a))$$

이다. 이때 x가 a에 한없이 가까이 접근하면 $f(x)$는 $f(a)$에 한없이 접근하며 $g(f(x))$는 $g(f(a))$에 한없이 접근한다. 다시 말하면,

$$\lim_{x\to a} g(f(x)) = g(f(a))$$

이다. 따라서 함수의 합성에 대한 함수의 연속성을 다음과 같이 정리할 수 있다.

정리 6.6: 함수의 합성과 연속

함수 $f: I \to J$와 $g: J \to \mathbb{R}$에 대하여, 함수 f가 a에서 연속이고 함수 g가 $f(a)$에서 연속이면 합성함수 $h = g \circ f$는 a에서 연속이다.

예제 6.7. 함수 $h(x) = \left|\dfrac{x}{3+x^4}\right|$는 모든 실수에서 연속이다.

증명. 다음의 함수

$$f(x) = \frac{x}{3+x^4}, \qquad g(x) = |x|$$

는 모든 실수에서 연속이다. 그러므로 합성함수 $h(x) = g(f(x))$는 모든 실수에서 연속이다. □

6.2.2 최댓값·최솟값의 정리

실수 a, b에 대하여, $a < b$일 때 닫힌 구간 $[a, b]$는 a에서 b까지의 실수들로서

$$[a, b] = \{x \in \mathbb{R} : a \leq x \leq b\}$$

로 정의된다. 닫힌 구간 $[a, b]$에 정의된 연속함수에는 다음과 같은 중요한 성질이 있다.

정리 6.7: 닫힌 구간에 정의된 연속함수에 대한 최댓값·최솟값의 정리

함수 $f: [a, b] \to \mathbb{R}$에 대하여, f가 연속이면 닫한 구간 $[a, b]$에서 f의 최댓값과 최솟값이 존재한다.

함수 f의 정의역이 닫힌 구간이 아닌 경우에는 그 정의역에서 함수 f의 최댓값과 최솟값이 항상 존재한다고는 할 수 없다. 보기를 들면, 항등함수 $f(x) = x$는 반열린 구간 $[0, 1)$에서 연속이지만 이 구간에서 f의 최댓값은 존재하지 않는다.

닫힌 구간에서 정의된 함수 f가 연속함수가 아닌 경우에도 그 구간에서 함수 f의 최댓값과 최솟값이 항상 존재한다고 할 수 없다. 닫힌 구간 $[-1, 1]$에서

$$f(x) = \begin{cases} |x| & (x \neq 0\text{인 경우}), \\ 1 & (x = 0\text{인 경우}) \end{cases}$$

로 정의된 함수 f는 0에서 연속이지 않다. 이때 f의 최댓값은 1이지만 f의 최솟값은 존재하지 않는다.

예제 6.8. 닫힌 구간 $[0,3]$에 정의된 함수 $f(x) = x^2 - 2x + 2$의 최댓값과 최솟값을 구하여라.

풀이. 닫힌 구간 $[0,3]$에서 함수 $f(x) = x^2 - 2x + 2 = (x-1)^2 + 1$는 연속이다. 한편

$$f(x) = (x-1)^2 + 1 \geq 1 = f(1)$$

이므로, $1 = f(1)$이 함수 f의 최솟값이다. 구간의 끝점 $x = 0$와 $x = 3$에서 $f(0) = 2$이고 $f(3) = 5$이므로, $5 = f(3)$가 함수 f의 최댓값이다. □

6.2.3 사잇값 정리

닫힌 구간 $[a,b]$는 a에서 b까지 연결된 구간이다. 연결된 구간 $[a,b]$에서 정의된 연속함수에는 다음과 같은 성질이 있다.

정리 6.8: 연결된 구간에 정의된 연속함수에 대한 사잇값 정리

함수 $f\colon [a,b] \to \mathbb{R}$에 대하여, f가 연속함수이고 $f(a) \neq f(b)$이면 $f(a)$와 $f(b)$ 사이에 놓인 임의의 상수 k에 대하여, $f(c) = k$인 상수 c가 a와 b 사이에 적어도 하나 존재한다.

예제 6.9. 방정식 $x^3 + 2x^2 - 1 = 0$의 실근이 0와 1 사이에 적어도 하나 존재함을 보여라.

풀이. 닫힌 구간 $[0,1]$에서 함수 $f(x) = x^3 + 2x^2 - 1$은 연속이다. 그런데

$$f(0) = -1 < 0 < 2 = f(1)$$

이므로, 사잇값 정리에 따라서 $f(c) = 0$인 c가 0와 1 사이에서 적어도 하나 존재한다. 따라서 방정식 $f(x) = 0$의 실근이 0과 1 사이에 적어도 하나 존재한다. □

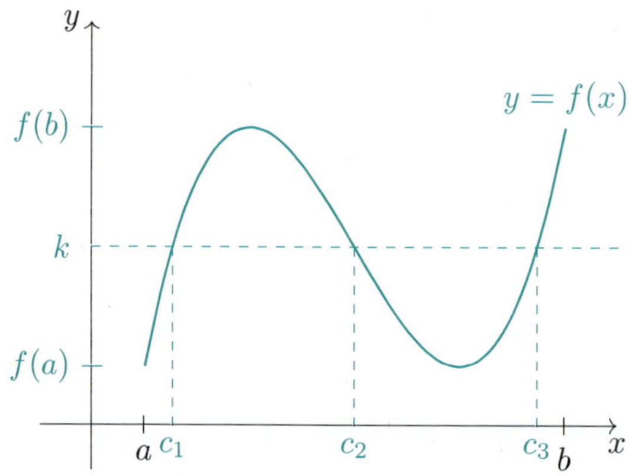

그림 6.5 사잇값 정리

연습문제 6.2

1. 다음 극한을 구하여라.

(가) $\displaystyle\lim_{x\to4}\frac{\sqrt{x}-2}{x-4}$, (나) $\displaystyle\lim_{x\to2}\frac{1-\sqrt{x-1}}{x-2}$,

(다) $\displaystyle\lim_{x\to0}\frac{\sqrt{1+x}-1}{x}$, (라) $\displaystyle\lim_{x\to\infty}(\sqrt{x^2-1}-x)$.

2. 다음 함수의 연속성을 조사하여라.

(가) $f(x)=\begin{cases}\dfrac{x}{|x|} & (x\neq0\text{일 때}),\\ 1 & (x=0\text{일 때}),\end{cases}$ (나) $f(x)=\begin{cases}x-2 & (x\neq3\text{일 때}),\\ 2 & (x=3\text{일 때}),\end{cases}$

(다) $f(x)=\dfrac{1}{x}$, (라) $f(x)=x^2$.

3. 다음 함수의 불연속점을 구하여라.

(가) $f(x)=|\cos x|$, (나) $f(x)=\dfrac{x^2-1}{x+1}$, (다) $f(x)=\dfrac{x-1}{x^2-x-2}$.

4. 방정식 $x^3-5x+3=0$에 대하여, 구간 $(1,3)$에 적어도 하나의 실근이 존재함을 보여라.

5. 다음 방정식에 대하여, 1과 2 사이에 적어도 하나의 실근이 존재함을 보여라.

(가) $x^3-3x+1=0$, (나) $x+\log x-2=0$, (다) $x^3+3x-5=0$.

6.3 함수의 미분계수

6.3.1 함수의 미분계수

함수 $f: I \to \mathbb{R}$에 대하여, x의 변화량에 대한 $f(x)$의 변화량의 비를 알아보자.

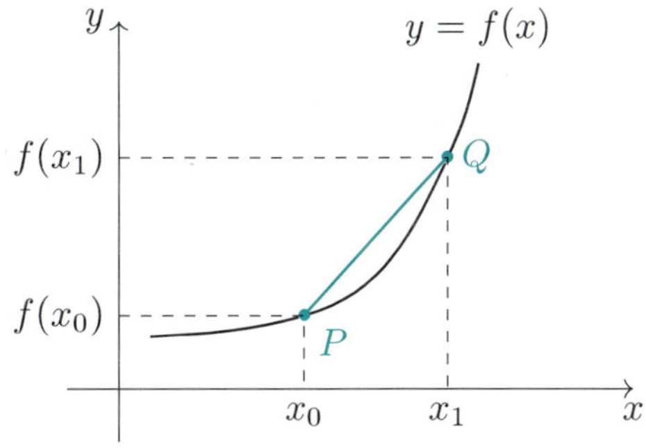

그림 6.6 함수의 평균변화율

그림 6.6에서와 같이, 함수의 그래프 $y = f(x)$에 놓인 점 $P = (x_0, y_0)$를 고정하자. 점 P가 아닌 점 $Q = (x_1, y_1)$이 함수의 그래프 $y = f(x)$에 놓여 있을 때, x_0과 x_1 사이에서 x에 대한 변화량 $\Delta x = x_1 - x_0$를 x의 **증분**이라고 하고 y에 대한 변화량 $\Delta y = f(x_1) - f(x_0)$를 y의 **증분**이라고 한다. 이때 분할선 $\overline{PQ}$의 기울기

$$\frac{\Delta y}{\Delta x} = \frac{y_1 - y_0}{x_1 - x_0} = \frac{f(x_1) - f(x_0)}{x_1 - x_0}$$

을 구간 x_0과 x_1 사이에서 x에 대한 f의 **평균변화율**이라고 한다.

> **예제 6.10.** 함수 $f(x) = x^2$에 대하여, 1과 2 사이에서 x에 대한 f의 평균변화율을 구하여라.

풀이. 1과 2 사이에서 x의 증분과 y의 증분은 각각

$$\Delta x = 2 - 1 = 1, \qquad \Delta y = 2^2 - 1^2 = 3$$

이므로, 평균변화율은

$$\frac{\Delta y}{\Delta x} = \frac{3}{1} = 3$$

이다. □

함수에 대하여, 평균변화율의 극한을 다음과 같이 정의한다.

정의 6.6: 함수의 미분계수

함수 $f\colon I \to \mathbb{R}$와 점 $x_0 \in I$에 대하여, 평균변화율의 극한

$$\lim_{x \to x_0} \frac{f(x) - f(x_0)}{x - x_0}$$

이 존재하면 f는 x_0에서 **미분가능하다**고 한다. 이때의 극한을 x_0에서 f의 **순간변화율** 또는 **미분계수**라고 하고

$$f'(x_0) \qquad \text{또는} \qquad \left.\frac{df}{dx}\right|_{x_0}$$

으로 나타낸다. 함수 f가 구간 I에 놓인 모든 점에서 미분가능하면 함수 f는 구간 I에서 **미분가능하다**라고 한다.

만약 $x = x_0 + h$로 놓으면, $x - x_0 = h$이므로

$$\lim_{x \to x_0} \frac{f(x) - f(x_0)}{x - x_0} = \lim_{h \to 0} \frac{f(x_0 + h) - f(x_0)}{h}$$

임을 알 수 있다.

예제 6.11. 함수 $f(x) = mx + b$와 점 $x_0 \in \mathbb{R}$에 대하여, x_0에서 f의 미분계수를 구하여라.

풀이. 함수 $f(x) = mx + b$에 대하여

$$f(x) - f(x_0) = (mx + b) - (mx_0 + b) = m(x - x_0)$$

이므로, 구하는 미분계수는

$$\lim_{x \to x_0} \frac{f(x) - f(x_0)}{x - x_0} = \frac{m(x - x_0)}{x - x_0} = m$$

이다. □

예제 6.12. 함수 $f(x) = x^2$에 대하여, 1에서의 f의 미분계수 $f'(1)$을 구하여라.

풀이. $f'(1) = \lim_{h \to 0} \frac{f(1+h) - f(1)}{h} = \lim_{h \to 0} \frac{(1+h)^2 - 1^2}{h} = \lim_{h \to 0} (2 + h) = 2.$ □

함수가 연속이지 않은 점에서는 미분가능하지 않음을 다음에서 확인할 수 있다.

정리 6.9: 함수의 미분가능성과 연속성

함수 $f\colon I \to \mathbb{R}$와 점 $x_0 \in I$에 대하여, f가 x_0에서 미분가능하면 f는 x_0에서 연속이다.

증명. 함수 f가 x_0에서 미분가능하다고 가정하자. 그러면 x_0에서 f의 미분계수

$$f'(x_0) = \lim_{x \to x_0} \frac{f(x) - f(x_))}{x - x_0}$$

가 존재하므로

$$\begin{aligned}
\lim_{x \to x_0} f(x) &= \lim_{x \to x_0} (f(x) - f(x_0) + f(x_0)) \\
&= \lim_{x \to x_0} \left\{ \frac{f(x) - f(x_0)}{x - x_0}(x - x_0) + f(x_0) \right\} \\
&= \lim_{x \to x_0} \frac{f(x) - f(x_0)}{x - x_0} \lim_{x \to x_0} (x - x_0) + \lim_{x \to x_0} f(x_0) \\
&= f'(x_0) \cdot 0 + f(x_0) \\
&= f(x_0)
\end{aligned}$$

이다. 따라서 함수 f는 x_0에서 연속이다. □

위의 정리의 역은 일반적으로 성립하지 않음을 다음 보기에서 확인할 수 있다.

보기 6.6. 함수 $f(x) = |x|$는 모든 실수에서 연속이지만, 0에서 미분가능하지 않다. 왜냐하면

$$\lim_{h \to 0^+} \frac{|0 + h| - |0|}{h} = \lim_{h \to 0^+} \frac{h}{h} = 1, \qquad \lim_{h \to 0^-} \frac{|h|}{h} = -1$$

이므로, 미분계수 $f'(0)$가 존재하지 않는다.

6.3.2 함수의 미분계수의 기하적 의미

함수 f의 미분계수에 대한 기하적인 의미를 알아보자.

f가 점 x_0에서 미분가능할 때,

$$m = \lim_{x \to x_0} \frac{f(x) - f(x_0)}{x - x_0}$$

로 놓으면

$$\lim_{x \to x_0} \left(\frac{f(x) - f(x_0)}{x - x_0} - m \right) = 0$$

또는

$$\lim_{x \to x_0} \frac{f(x) - f(x_0) - m(x - x_0)}{x - x_0} = 0$$

이다. 따라서 다음과 같이 정리할 수 있다.

정리 6.10: 함수의 미분가능성과 일차근사

함수 $f \colon I \to \mathbb{R}$와 점 $x_0 \in I$에 대하여,

$$\lim_{x \to x_0} \frac{f(x) - f(x_0) - m(x - x_0)}{x - x_0} = 0$$

인 실수 m이 존재함은 f가 x_0에서 미분가능하기 위한 필요충분조건이다.

이때 $g(x) = f(x_0) + m(x - x_0)$를 점 $(x_0, f(x_0))$에서 f의 **일차근사**라고 한다.

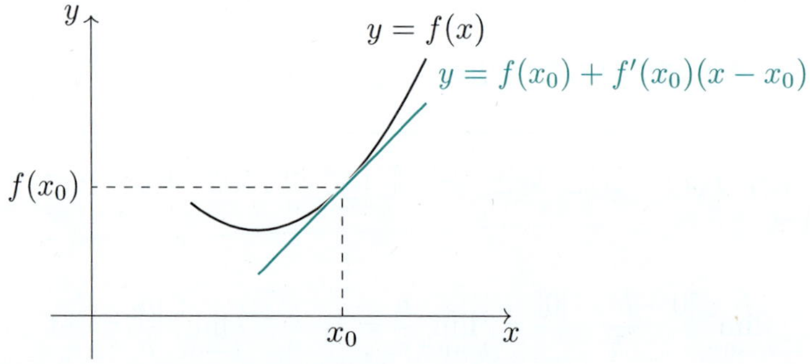

그림 6.7 함수 그래프의 접선

함수 f가 x_0에서 미분가능하면 미분계수 $f'(x_0)$는 점 $(x_0, f(x_0))$에서 그래프 $y = f(x)$의 접선의 기울기임을 알고 있을 것이다. 여기서 함수의 그래프의 접선은 다음과 같이 정의한다.

정의 6.7: 함수의 그래프의 접선

함수 $f\colon I \to \mathbb{R}$와 점 $x_0 \in I$에 대하여,

$$\lim_{x \to x_0} \frac{f(x) - f(x_0) - m(x - x_0)}{x - x_0} = 0$$

인 실수 m이 존재하면 직선 $y = f(x_0) + m(x - x_0)$를 점 $(x_0, f(x_0))$에서 그래프 $y = f(x)$의 **접선**이라고 한다.

정리 6.10과 정의 6.7에 따라서 다음을 정리할 수 있다.

정리 6.11: 함수의 미분가능성과 접선

함수 $f\colon I \to \mathbb{R}$와 점 $x_0 \in I$에 대하여, 점 $(x_0, f(x_0))$에서 그래프 $y = f(x)$의 접선이 존재하고 접선의 기울기 m이 실수임은 f가 x_0에서 미분가능하기 위한 필요충분조건이다.

위의 정리에서 접선의 기울기 m을 실수로 한정한 것은 기울기가 무한대인 접선도 존재할 경우가 있기 때문이다. 즉, 함수 $g(x) = x^3$의 역함수 $k(x) = x^{1/3}$에 대하여, 원점 $(0, 0)$에서 그래프 $y = x^{1/3}$의 접선은 $x = 0$이다. 이때 이 접선의 기울기는 무한대이고, 함수 k는 0에서 미분가능하지 않는다.

예제 6.13. 포물선 $y = x^2 - 1$에 놓인 점 $(1, 0)$에서 접선의 기울기를 구하여라.

풀이. 곡선 $y = x^2 - 1$에 놓인 점 $(1, 0)$에서의 접선의 기울기는, $f(x) = x^2 - 1$일 때, $f'(1)$이다. 이 값을 계산하면

$$f'(1) = \lim_{h \to 0} \frac{\{(1+h)^2 - 1\} - (1^2 - 1)}{h} = \lim_{h \to 0}(2 + h) = 2$$

이다. □

예제 6.14. 곡선 $y = x^2 + 3$에 놓인 점 $(1, 4)$에서의 접선의 방정식을 구하여라.

풀이. $f(x) = x^2 + 3$이면, $f'(x) = 2x$이므로 $f'(1) = 2$이다. 따라서 구하는 접선은 점 $(1, 4)$를 지나고 기울기가 2인 직선이므로, 접선의 방정식은

$$y - 4 = 2(x - 1)$$

즉, $y = 2x + 2$이다. □

연습문제 6.3

1. 함수 $f(x) = 2x^2$에 대하여 다음을 구하여라.

   (가) 구간 $[1, 3]$에서의 f의 평균변화율

   (나) 2에서의 f의 순간변화율

2. 다음 구간에서의 함수 $f(x) = x^2 - 4x + 2$의 평균변화율을 구하여라.

   (가) $x = -3$에서 $x = 1$까지,

   (나) $x = 0$에서 $x = 2$까지.

3. 함수 $f(x) = |x + 1|$은 $x = -1$에서 미분가능하지 않음을 보여라.

4. 다음 점에서의 함수 그래프의 접선의 방정식을 구하여라.

   (가) $(1, 6)$, $f(x) = x^2 + 5$.

   (나) $(1, -1)$, $f(x) = x^2 - 3x + 1$,

   (다) $(1, 4)$, $f(x) = 2x^3 + x + 1$,

   (라) $(1, 3)$, $f(x) = \sqrt{x + 8}$,

6.4 함수의 미분법

6.4.1 함수의 도함수

미분가능한 함수에 대하여, 다음의 함수를 정의하자.

정의 6.8: 함수의 도함수

함수 $f: I \to \mathbb{R}$에 대하여, f가 모든 점 $x \in I$에서 미분가능할 때 각 점 $x \in I$에서 미분계수 $f'(x)$를 함숫값으로 하는 함수 $f': I \to \mathbb{R}$을 f의 **도함수**[a]라고 한다.

[a] 유도된 함수라는 의미에서 도함수이다.

$f'(x)$를

$$\frac{df}{dx}(x) \quad \text{또는} \quad \frac{d}{dx}f(x)$$

로 나타내기도 한다. 여기서 도함수 f'을 구하는 것을 함수 f를 x에 대하여 **미분한다**고 하며, 그 계산법을 **미분법**이라고 한다.

예제 6.15. 다음 함수를 미분하여라.

(가) $f(x) = x^2$, (나) $f(x) = \dfrac{1}{x}$.

풀이. (가) $f'(x) = \lim_{h \to 0} \dfrac{(x+h)^2 - x^2}{h} = \lim_{h \to 0}(2x + h) = 2x.$

(나) $f'(x) = \lim_{h \to 0} \dfrac{\frac{1}{x+h} - \frac{1}{x}}{h} = \lim_{h \to 0} \dfrac{-1}{x(x+h)} = -\dfrac{1}{x^2}.$ □

함수의 도함수는 원래 함수에 대한 많은 정보를 준다. 이제 함수의 도함수를 구하는 방법을 알아본다.

먼저 상수함수와 거듭제곱함수의 도함수를 다음과 같이 구할 수 있다.

정리 6.12: 상수함수와 거듭제곱함수의 도함수

(가) 상수함수 $f(x) = c$ (c는 상수)에 대하여, $f' = 0$이다.

(나) 자연수 n에 대하여, $f(x) = x^n$이면 $f'(x) = nx^{n-1}$이다.

증명. (가) 상수함수 $f(x) = c$의 도함수는

$$f'(x) = \lim_{h \to 0} \frac{f(x+h) - f(x)}{h} = \lim_{h \to 0} \frac{c - c}{h} = 0$$

이다.

(나) 한편, 자연수 n에 대하여

$$(x+h)^n = x^n + nx^{n-1}h + \frac{n(n-1)}{2}x^{n-2}h^2 + \cdots + nxh^{n-1} + h^n$$

이므로, 거듭제곱함수 $f(x) = x^n$의 도함수는

$$\begin{aligned} f'(x) &= \lim_{h \to 0} \frac{(x+h)^n - x^n}{h} \\ &= \lim_{h \to 0} \left\{ nx^{n-1} + \frac{n(n-1)}{2}x^{n-2}h + \cdots + nxh^{n-2} + h^{n-1} \right\} \\ &= nx^{n-1} \end{aligned}$$

이다. □

극한에 대한 기본적인 성질에 따라서 함수의 실수배와 두 함수의 합을 다음과 같이 미분할 수 있다.

정리 6.13: 함수의 실수배와 두 함수의 합의 미분

(가) 미분가능한 함수 f와 상수 c에 대하여, $g(x) = cf(x)$이면 g는 미분가능하며 $g'(x) = cf'(x)$이다.

(나) 미분가능한 함수 f와 g에 대하여, $s(x) = f(x) + g(x)$이면 s는 미분가능하며 $s'(x) = f'(x) + g'(x)$이다.

증명. (가) 함수 f가 미분가능하므로,

$$g'(x) = \lim_{h \to 0} \frac{cf(x+h) - cf(x)}{h} = c \lim_{h \to 0} \frac{f(x+h) - f(x)}{h} = cf'(x)$$

이다.

(나) 함수 f와 g가 미분가능하므로,

$$\begin{aligned} s'(x) &= \lim_{h\to 0} \frac{\{f(x+h)+g(x+h)\}-\{f(x)+g(x)\}}{h} \\ &= \lim_{h\to 0} \left(\frac{f(x+h)-f(x)}{h} + \frac{g(x+h)-g(x)}{h}\right) \\ &= \lim_{h\to 0} \frac{f(x+h)-f(x)}{h} + \lim_{h\to 0} \frac{g(x+h)-g(x)}{h} \\ &= f'(x)+g'(x) \end{aligned}$$

이다. □

예제 6.16. 다음 함수를 미분하여라.

(가) $f(x) = 3x^2 + x - 4$,　　(나) $f(x) = 3x^4 - x^3 + 4x^2 - 6$.

풀이. (가) $f'(x) = 6x + 1$.

(나) $f'(x) = 12x^3 - 3x^2 + 8x$. □

두 함수의 곱과 나눔의 미분은 다음과 같이 조금 독특한 공식으로 나타남을 확인할 수 있다.

정리 6.14: 두 함수의 곱과 나눔의 미분

(가) 미분가능한 함수 f와 g에 대하여, $s(x) = f(x)g(x)$이면 s는 미분가능하며

$$s'(x) = f'(x)g(x) + f(x)g'(x)$$

이다.

(나) 미분가능한 함수 f와 g에 대하여, $s(x) = f(x)/g(x)$이고 $g(x) \neq 0$이면 s는 x에서 미분가능하며

$$s'(x) = \frac{f'(x)g(x) - f(x)g'(x)}{g(x)^2}$$

이다.

증명. (가) 함수 f와 g에 대하여

$$\begin{aligned}&f(x+h)g(x+h)-f(x)g(x)\\&=f(x+h)g(x+h)-f(x)g(x+h)+f(x)g(x+h)-f(x)g(x)\\&=\{f(x+h)-f(x)\}\,g(x+h)+f(x)\,\{g(x+h)-g(x)\}\end{aligned}$$

이므로,

$$\begin{aligned}s'(x)&=\lim_{h\to0}\frac{\{f(x+h)-f(x)\}\,g(x+h)+f(x)\,\{g(x+h)-g(x)\}}{h}\\&=\lim_{h\to0}\frac{f(x+h)-f(x)}{h}\lim_{h\to0}g(x+h)+\lim_{h\to0}f(x)\lim_{h\to0}\frac{g(x+h)-g(x)}{h}\\&=f'(x)g(x)+f(x)g'(x)\end{aligned}$$

이다.

(나) 함수 f와 g에 대하여

$$\begin{aligned}\frac{f(x+h)}{g(x+h)}-\frac{f(x)}{g(x)}&=\frac{f(x+h)g(x)-f(x)g(x+h)}{g(x+h)g(x)}\\&=\frac{\{f(x+h)-f(x)\}\,g(x)-f(x)\,\{g(x+h)-g(x)\}}{g(x+h)g(x)}\end{aligned}$$

이므로,

$$s'(x)=\lim_{h\to0}\frac{f(x+h)/g(x+h)-f(x)/g(x)}{h}=\frac{f'(x)g(x)-f(x)g'(x)}{g(x)^2}$$

이다. □

예제 6.17. 다음 함수를 미분하여라

(가) $f(x)=(3x+1)(x^2+2x-1)$, (나) $g(x)=\dfrac{2x+3}{x-1}$.

풀이. (가) $f'(x)=3(x^2+2x-1)+(3x+1)(2x+2)=9x^2+14x-1$.

(나) $g'(x)=\dfrac{2(x-1)-(2x+3)1}{(x-1)^2}=\dfrac{-5}{(x-1)^2}$. □

두 함수 나눔의 미분을 이용하여, 지수가 정수인 거듭제곱함수의 미분을 다음과 같이 구한다.

정리 6.15: 확장된 거듭제곱함수의 미분법

정수 n에 대하여, $f(x) = x^n$이면 $f'(x) = nx^{n-1}$이다.

증명. $0 \le n$일 때, $(x^n)' = nx^{n-1}$임은 이미 알고 있다.

$n < 0$이라고 가정하자. $m = -n$으로 놓으면

$$(x^n)' = \left(\frac{1}{x^m}\right)' = \frac{-mx^{m-1}}{x^{2m}} = -mx^{-m-1} = nx^{n-1}$$

이다. □

예제 6.18. 다음 함수를 미분하여라.

(가) $f(x) = 2x^{-3}$, (나) $y = \dfrac{3x^3 + 2x - 1}{x^2}$.

풀이. (가) $f'(x) = 2 \cdot (-3)x^{-3-1} = -6x^{-4}$.

(나) $f(x) = 3x + 2x^{-1} - x^{-2}$이므로 $f'(x) = 3 - 2x^{-2} + 2x^{-3}$이다. □

6.4.2 평균값의 정리

닫힌 구간에서 연속인 함수에 대하여 다음의 정리가 성립한다.

정리 6.16: 롤의 정리

미분가능한 함수 $f\colon [a, b] \to \mathbb{R}$에 대하여, $f(a) = f(b)$이면 $f'(c) = 0$인 c가 a와 b 사이에 적어도 하나 존재한다.

증명. 함수 f가 상수함수이면 모든 실수 x에서 $f'(x) = 0$이므로 구간 (a, b)에 놓인 임의의 점을 c로 선택하면 된다. 함수 f가 상수함수가 아니라고 가정하자. $f(a) = f(b)$이므로 어떤 점 $x = c$ $(a < c < b)$에서 f의 최댓값 또는 최솟값이 존재한다. 만약 점 c에서 f의 최댓값이 존재하면 아주 작은 실수 h에 대하여 $f(c+h) - f(c) \le 0$이므로

$$\lim_{h\to 0^+} \frac{f(c+h) - f(c)}{h} \le 0, \qquad \lim_{h\to 0^-} \frac{f(c+h) - f(c)}{h} \ge 0$$

이다. 한편, f는 c에서 미분가능하므로 좌극한값과 우극한값이 같아야 한다. 따라서

$$f'(c) = \lim_{h\to 0} \frac{f(c+h) - f(c)}{h} = 0$$

이다. 역시 점 c에서 f의 최솟값이 존재할 때도 위와 같은 방법으로 $f'(c) = 0$임을 증명할 수 있다. □

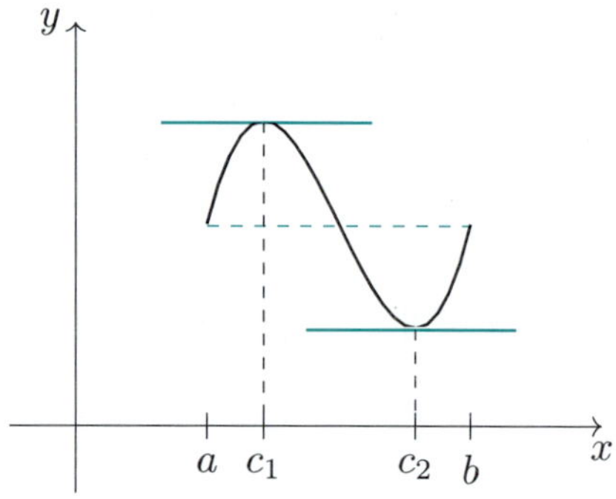

그림 6.8 롤의 정리

롤의 정리의 기하학적 의미는 함수의 그래프 $y = f(x)$에 놓인 점 $(c, f(c))$에서의 접선이 x축과 평행한 점 c가 구간 (a, b)에 적어도 하나 존재함을 뜻한다.

> **예제 6.19.** 미분가능한 함수 $f(x) = x^2 - 2x$에 대하여, $f'(c) = 0$인 c가 열린 구간 $(0, 2)$에 적어도 하나 존재함을 보여라.

풀이. 함수 $f(x) = x^2 - 2x$에 대하여, $f(0) = f(2) = 0$이므로 롤의 정리에 따라서 $f'(c) = 0$인 점 c가 구간 $(0, 2)$에 존재한다. □

롤의 정리를 일반화한 다음의 평균값의 정리가 성립한다.

정리 6.17: 평균값의 정리

미분가능한 함수 $f\colon [a, b] \to \mathbb{R}$에 대하여,

$$\frac{f(b) - f(a)}{b - a} = f'(c)$$

인 c가 구간 (a, b)에 적어도 하나 존재한다.

증명. 함수 $g\colon [a,b] \to \mathbb{R}$를

$$g(x) = f(x) - f(a) - \frac{f(b)-f(a)}{b-a}(x-a)$$

로 정의하자. 그러면 g는 미분가능하다. 또한 $g(a) = 0 = g(b)$이므로, 롤의 정리에 따라서 $g'(c) = 0$인 점 c가 열린 구간 (a,b)에 존재한다. 그런데

$$g'(x) = f'(x) - \frac{f(b)-f(a)}{b-a}$$

이므로 $g'(c) = 0$ 즉,

$$f'(c) = \frac{f(b)-f(a)}{b-a}$$

이다. □

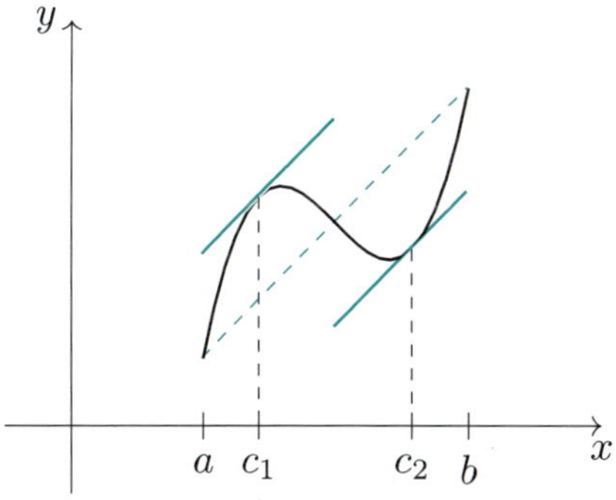

그림 6.9 평균값의 정리

평균값의 정리의 기하학적 의미를 살펴보자. 그림 6.9과 같이 $y = f(x)$ 위의 두 점 $A(a, f(a))$와 $B(b, f(b))$를 연결하는 선분 AB가 x축에 평행하지 않더라도 선분 AB에 평행한 접선을 가지는 점 P가 호 AB 위에 적어도 하나 있음을 뜻한다.

예제 6.20. 함수 $f(x) = x^3 + 1$에 대하여,

$$f'(c) = \frac{f(2)-f(1)}{2-1}$$

인 c를 열린 구간 $(1,2)$에서 구하여라.

풀이. 함수 $f(x) = x^3 + 1$는 닫힌 구간 $[1,2]$에서 연속이고, 열린 구간 $(1,2)$에서 미

분가능이므로, 평균값의 정리에 따라서

$$f'(c) = \frac{f(2) - f(1)}{2 - 1}$$

인 실수 c가 구간 $(1, 2)$에서 적어도 하나 존재한다. 그런데 $f'(c) = 3c^2$이고

$$\frac{f(2) - f(1)}{2 - 1} = 7$$

이므로 $c = \sqrt{7/3} \in (1, 2)$이다. □

보기 6.7. 함수 $f(x) = |x|$는 $x = 0$에서 연속이지만 미분가능하지 않으므로, $x = 0$를 포함하는 구간 $[-1, 1]$에서는 평균값의 정리가 성립하지 않는다.

정리 6.18: 도함수가 영함수인 함수의 상수성

미분가능한 함수 $f : [a, b] \to \mathbb{R}$에 대하여, 열린 구간 (a, b)에 놓인 모든 점 x에서 $f'(x) = 0$이면 함수 f는 상수함수이다.

증명. $a < x < b$인 x에 대하여 평균값의 정리에 따라서

$$\frac{f(x) - f(a)}{x - a} = f'(c)$$

인 점 c가 구간 (a, x)에 적어도 하나 존재한다. 가정에 따라서 열린 구간 (a, b)에 놓인 모든 t에서 $f'(t) = 0$이므로 $f'(c) = 0$이다. 따라서

$$f(x) - f(a) = (x - a)f'(c) = 0$$

이므로 $f(x) = f(a)$이다. 함수 f는 닫힌 구간 $[a, b]$에서 연속이므로

$$f(b) = \lim_{x \to b} f(x) = f(a)$$

이다. 따라서 함수 f는 닫힌 구간 $[a, b]$에서 상수함수이다. □

6.4.3 삼각함수의 미분법

삼각함수의 도함수를 구하자. 먼저, 사인함수와 코사인함수의 도함수를 구하자.

정리 6.19: 사인함수와 코사인함수의 미분

사인함수 $f(x) = \sin x$와 코사인함수 $g(x) = \cos x$에 대하여,

$$f'(x) = \cos x \quad \text{그리고} \quad g'(x) = -\sin x$$

이다.

증명. 사인함수와 코사인함수에 대하여

$$\lim_{h\to 0}\frac{\sin h}{h} = 1 \quad \text{그리고} \quad \lim_{h\to 0}\frac{1-\cos h}{h} = 0$$

이므로,

$$\begin{aligned} f'(x) &= \lim_{h\to 0}\frac{\sin(x+h)-\sin x}{h} \\ &= \lim_{h\to 0}\frac{\sin x\cos h+\cos x\sin h-\sin x}{h} \\ &= \lim_{h\to 0}\left\{\sin x\cdot\frac{\cos h-1}{h}+\cos x\frac{\sin h}{h}\right\} \\ &= -\sin x\cdot\lim_{h\to 0}\frac{1-\cos h}{h}+\cos x\lim_{h\to 0}\frac{\sin h}{h} \\ &= \cos x \end{aligned}$$

그리고

$$\begin{aligned} g'(x) &= \lim_{h\to 0}\frac{\cos(x+h)-\cos x}{h} \\ &= \lim_{h\to 0}\frac{\cos x\cos h-\sin x\sin h-\cos x}{h} \\ &= \lim_{h\to 0}\left\{\cos x\cdot\frac{\cos h-1}{h}-\sin x\frac{\sin h}{h}\right\} \\ &= -\cos x\cdot\lim_{h\to 0}\frac{1-\cos h}{h}-\sin x\lim_{h\to 0}\frac{\sin h}{h} \\ &= -\sin x \end{aligned}$$

이다. □

삼각함수에 대하여,

$$\tan x = \frac{\sin x}{\cos x}, \quad \csc x = \frac{1}{\sin x}, \quad \sec x = \frac{1}{\cos x}, \quad \cot x = \frac{1}{\tan x}$$

이므로, 미분의 기본성질에 따라서

$$\begin{aligned} \frac{d}{dx}\tan x &= \sec^2 x, \\ \frac{d}{dx}\sec x &= \sec x \cdot \tan x, \\ \frac{d}{dx}\csc x &= -\csc x \cdot \cot x, \\ \frac{d}{dx}\cot x &= -\csc^2 x \end{aligned}$$

을 알 수 있다.

6.4.4 지수함수와 로그함수의 미분법

먼저 자연로그함수의 도함수를 구하자.

정리 6.20: 자연로그함수의 미분

자연로그함수 $f(x) = \ln x$에 대하여,

$$f'(x) = \frac{1}{x}$$

이다.

증명. 도함수의 정의에 따라서

$$f'(x) = \lim_{h\to 0}\frac{\ln(x+h) - \ln x}{h} = \lim_{h\to 0}\frac{1}{h}\ln\frac{x+h}{x} = \lim_{h\to 0}\frac{1}{x}\ln\left(1 + \frac{h}{x}\right)^{x/h}$$

이다. 그런데 $\lim_{h\to 0}\left(1 + \frac{h}{x}\right)^{x/h} = e$ 이고 $\ln e = 1$이므로 $f'(x) = 1/x$이다. □

예제 6.21. 함수 $h(x) = \ln(x^2+3)$의 도함수를 구하여라.

풀이. 연쇄법칙을 적용하기 위하여 $f(x) = x^2 + 3$과 $g(x) = \ln x$로 놓으면 $h = g \circ f$이다. 따라서

$$h'(x) = g'(f(x))f'(x) = \frac{1}{x^2+3}(2x) = \frac{2x}{x^2+3}$$

이다. □

자연로그함수의 미분법에 따라서 일반적인 로그함수의 도함수를 다음과 같이 구할 수 있다.

정리 6.21: 일반적인 로그함수의 미분

1이 아닌 양의 상수 a에 대하여, $f(x) = \log_a x$이면

$$f'(x) = \frac{1}{\ln a}\frac{1}{x}$$

이다.

증명. $\log_a x = \ln x / \ln a$이고 $g(x) = \ln x$일 때 $g'(x) = 1/x$이므로,

$$f'(x) = \frac{1}{\ln a}\frac{1}{x}$$

이다. □

자연로그함수의 미분법과 역함수의 미분법을 사용하면 지수함수의 도함수를 구할 수 있다.

정리 6.22: 지수함수의 미분

네이피어의 상수 e에 대하여, $f(x) = e^x$이면 $f'(x) = e^x$이다.

증명. 지수함수 $f(x) = e^x$의 역함수는 자연로그함수 $g(x) = \ln x$이고 $g'(x) = 1/x$이므로

$$f'(x) = \frac{1}{g'(f(x))} = \frac{1}{1/f(x)} = f(x) = e^x$$

이다. □

예제 6.22. 함수 $h(x) = e^{2x+5}$의 도함수를 구하여라.

증명. 연쇄법칙을 적용하기 위하여 $f(x) = 2x + 5$와 $g(x) = e^x$로 놓으면 $h = g \circ f$이다. 따라서

$$h'(x) = g'(f(x))f'(x) = e^{2x+5}2 = 2e^{2x+5}$$

이다. □

일반적인 지수함수의 도함수는 다음과 같이 구할 수 있다.

정리 6.23: 일반적인 지수함수의 미분법

일이 아닌 양의 상수 a에 대하여, $f(x) = a^x$이면

$$f'(x) = a^x \ln a$$

이다.

증명. $a^x = e^{\ln a^x}$이고 $\ln a^x = x \ln a$이므로 $a^x = e^{x \ln a}$이다. 따라서 $h(x) = a^x$일 때, $f(x) = x \ln a$와 $g(x) = e^x$로 놓으면 $h = g \circ f$이므로

$$h'(x) = g'(f(x))f'(x) = e^{x \ln a} \ln a = a^x \ln a$$

이다. □

6.4.5 합성함수의 미분법

미분가능한 함수 f와 g의 합성함수 $h = g \circ f$의 미분법을 알아보자.

함수 f가 x_0에서 미분가능하고 함수 g가 $f(x_0)$에서 미분가능하다고 가정하자. 만약 x_0 근방에서 $x \neq x_0$일 때 $f(x) \neq f(x_0)$이면

$$\begin{aligned} h'(x_0) &= \lim_{x \to x_0} \frac{g(f(x)) - g(f(x_0))}{x - x_0} \\ &= \lim_{x \to x_0} \frac{g(f(x)) - g(f(x_0))}{f(x) - f(x_0)} \lim_{x \to x_0} \frac{f(x) - f(x_0)}{x - x_0} \\ &= g'(f(x_0)) \cdot f'(x_0) \end{aligned}$$

이다. 일반적으로는 위에 제시된 조건

'만약 x_0 근방에서 $x \neq x_0$일 때 $f(x) \neq f(x_0)$이다'

이 성립하지 않을 수도 있다. 그렇지만 위의 조건없이도 다음과 같이 합성함수의 미분법을 정리할 수 있다.

함수 $f\colon I \to \mathbb{R}$에 대하여, $x_0 \in I$에서 f가 미분가능하다고 가정하자. 만약

$$E(x) = \begin{cases} \dfrac{f(x) - f(x_0) - f'(x_0)(x - x_0)}{x - x_0} & x \neq x_0\text{일 때}, \\ 0 & x = x_0\text{일 때} \end{cases}$$

로 놓으면, f가 x_0에서 미분가능하므로 함수 $E\colon I \to \mathbb{R}$는 x_0에서 연속이다. 또한

$$f(x) = f(x_0) + f'(x_0)(x - x_0) + E(x)(x - x_0)$$

이다.

정리 6.24: 합성함수의 미분법

함수 $f\colon I \to J$와 $g\colon J \to \mathbb{R}$에 대하여, f가 x_0에서 미분가능하고 g가 $f(x_0)$에서 미분가능하면 합성함수 $h = g \circ f$는 x_0에서 미분가능하며

$$h'(x_0) = g'(f(x_0)) \cdot f'(x_0)$$

이다.

증명. 함수 f가 x_0에서 미분가능하고 함수 g가 $f(x_0)$에서 미분가능하다고 가정하자. 함수 g가 $f(x_0)$에서 미분가능하므로

$$g(y) = g(f(x_0)) + g'(f(x_0))(y - f(x_0)) + E(y)(y - f(x_0))$$

이고 $E(f(x_0)) = 0$인, $f(x_0)$에서 연속인 함수 $E\colon J \to \mathbb{R}$가 존재한다. 따라서

$$\begin{aligned} h'(x_0) &= \lim_{x \to x_0} \frac{g(f(x)) - g(f(x_0))}{x - x_0} \\ &= \lim_{x \to x_0} \frac{g'(f(x_0))(f(x) - f(x_0)) + E(f(x))(f(x) - f(x_0))}{x - x_0} \end{aligned}$$

이다. 그런데

$$\lim_{x \to x_0} \frac{f(x) - f(x_0)}{x - x_0} = f'(x_0), \qquad \lim_{x \to x_0} E(f(x)) = 0$$

이므로

$$\begin{aligned} h'(x_0) &= g'(f(x_0)) \lim_{x\to x_0} \frac{f(x)-f(x_0)}{x-x_0} + \lim_{x\to x_0} E(f(x)) \cdot \lim_{x\to x_0} \frac{f(x)-f(x_0)}{x-x_0} \\ &= g'(f(x_0)) \cdot f'(x_0) + 0 \cdot f'(x_0) \\ &= g'(f(x_0)) \cdot f'(x_0) \end{aligned}$$

이다. □

예제 6.23. 함수 $f(x) = (x^2+2x-3)^{100}$를 미분하여라.

풀이. 함수 f에 대하여, $g(x) = x^2+2x-3$와 $h(y) = y^{100}$으로 놓으면 $f = h \circ g$이다. 함수 g와 h가 미분가능하고

$$g'(x) = 2x+2, \qquad h'(y) = 100y^{99}$$

이므로,

$$f'(x) = h'(g(x)) \cdot g'(x) = 100(x^2+2x-3)^{99}(2x+2)$$

이다. □

정수 n에 대하여 $(x^n)' = nx^{n-1}$임은 이미 알고 있다. 합성함수의 미분법을 이용하여, 유리수 n에 대하여 $(x^n)' = nx^{n-1}$임을 보일 수 있다.

정리 6.25: 지수가 유리수인 거듭제곱함수의 미분법

유리수 n에 대하여, $f(x) = x^n$이면 $f'(x) = nx^{n-1}$이다.

증명. $n = q/p$인 정수 q와 영이 아닌 정수 p가 존재한다. $f(x) = x^{q/p}$의 양변을 p제곱하면 $f(x)^p = x^q$이다. 이 양변을 x에 대하여 미분하면

$$\frac{d}{dx} f(x)^p = qx^{q-1}$$

이다. 그런데 $f(x)$가 x의 함수이므로, $y = f(x)$로 놓으면 합성함수의 미분법에 따라서

$$\frac{df(x)^p}{dx} = \frac{dy^p}{dy}\frac{dy}{dx} = py^{p-1}\frac{dy}{dx}$$

이다. 따라서

$$py^{p-1}\frac{dy}{dx} = qx^{q-1}$$

즉,

$$\frac{dy}{dx} = \frac{q}{p}\frac{x^{q-1}}{y^{p-1}} = \frac{q}{p}x^{q-1}\left(x^{q/p}\right)^{1-p} = \frac{q}{p}x^{\frac{q}{p}-1}$$

이다. 여기서 $n = q/p$ 이므로 $f'(x) = nx^{n-1}$이다. □

일반적으로 실수 n에 대하여, $f(x) = x^n$이면 $f'(x) = nx^{n-1}$임이 알려져 있다.

보기 6.8. $f(x) = x^{4/3}$이면 $f'(x) = \frac{4}{3}x^{\frac{1}{3}}$이다.

예제 6.24. 함수 $f(x) = \sqrt{x^2+3}$를 미분하여라.

풀이. 함수 f에 대하여, $g(x) = x^2 + 3$와 $h(y) = \sqrt{y}$로 놓으면 $f = h \circ g$이다. 함수 g와 h가 미분가능하고

$$g'(x) = 2x, \qquad h'(y) = \frac{1}{2}y^{-1/2}$$

이므로,

$$f'(x) = h'(g(x)) \cdot g'(x) = \frac{1}{2\sqrt{x^2+3}}(2x) = \frac{x}{\sqrt{x^2+3}}$$

이다. □

예제 6.25. 함수 $f(x) = \sqrt{3-x^2}$의 도함수를 구하여라.

풀이. 함수 f에 대하여, $g(x) = 3 - x^2$와 $h(y) = y^{1/2}$로 놓으면, $f = h \circ g$이다. 함수 g와 h가 미분가능하고

$$h'(y) = \frac{1}{2}y^{-\frac{1}{2}} \qquad \text{그리고} \qquad g'(x) = -2x$$

이므로

$$f'(x) = h'(g(x)) \cdot g'(x) = \frac{1}{2\sqrt{3-x^2}} \cdot (-2x) = -\frac{x}{\sqrt{3-x^2}}$$

이다. □

6.4.6 음함수의 미분법

방정식 $x^2 + y^2 = 1$의 한 근이 (x_0, y_0)이고 $y_0 \neq 0$일 때, 근 (x_0, y_0) 근방에서 방정식 $x^2 + y^2 = 1$을 함수 $f(x) = \sqrt{1-x^2}$ 또는 $f(x) = -\sqrt{1-x^2}$의 그래프인

$$y = \sqrt{1-x^2} \quad \text{또는} \quad y = -\sqrt{1-x^2}$$

로 나타낼 수 있다.

일반적으로 방정식

$$F(x, y) = 0$$

에서 x를 독립변수로 이해하고 y를 위의 방정식에 따른 x의 종속변수로 이해할 수 있는데, 특수한 경우를 제외하고는 y를 x에 대한 함수로 나타낼 수 있다. 이와 같은 이유로 방정식 $F(x, y) = 0$을 **음함수**[1]라고 한다.

음함수 $F(x, y) = 0$에 대하여 dy/dx를 구하는 것을 x에 대한 **음함수 미분법**이라고 하고, dy/dx를 x에 대한 **음함수의 도함수**라고 한다.

예제 6.26. 음함수 $x^2 + y^2 = 4$에 대하여, dy/dx를 구하여라.

풀이. 방정식 $x^2 + y^2 = 4$의 양변을 x에 대하여 미분하면

$$2x + 2y\frac{dy}{dx} = 0$$

이다. 따라서 $y \neq 0$일 때 $dy/dx = -x/y$이다. □

음함수 $F(x, y) = 0$에서 x와 y가 매개변수로 나타날 때의 미분법을 다음과 같이 정리할 수 있다.

정리 6.26: 매개변수함수의 미분법

미분가능한 함수 $f\colon I \to \mathbb{R}$와 $g\colon I \to \mathbb{R}$에 대하여, $y = f(t)$와 $x = g(t)$이고 $g'(t) \neq 0$이면

$$\frac{dy}{dx} = \frac{f'(t)}{g'(t)}$$

이다.

[1]함수를 의미한다는 뜻에서 방정식을 음함수라고 한다.

예제 6.27. $y = u/(1-u)$와 $x = u^2/(1-u^2)$일 때, dy/dx를 구하여라.

풀이. x와 y를 u에 대하여 미분하면

$$\frac{dy}{du} = \frac{1}{(1-u)^2}, \qquad \frac{dx}{du} = \frac{2u}{(1-u^2)^2}$$

이므로

$$\frac{dy}{dx} = \frac{dy/du}{dx/du} = \frac{(1+u)^2}{2u}$$

이다. □

6.4.7 고계도함수

함수 $f: I \to \mathbb{R}$에 대하여, f가 미분가능하고 그 도함수 f'이 미분가능하면

$$f''(x) := (f')'(x) = \lim_{h \to 0} \frac{f'(x+h) - f'(x)}{h}$$

로 정의되는 함수 $f'': I \to \mathbb{R}$을 f의 **이계도함수**라고 한다. 이때

$$f''(x) = \frac{d}{dx}\left(\frac{df}{dx}(x)\right)$$

이므로 이계도함수 f''를

$$\frac{d^2 f}{dx^2}$$

로 나타내기도 한다.

이계도함수 f''과 대비하여 처음의 도함수 f'을 **일계도함수**라고 한다. 일반적으로, 자연수 n에 대하여 함수 f를 n번 미분하여 구해진 함수를 f의 n**계도함수**라고 하고,

$$f^{(n)} \quad \text{또는} \quad \frac{d^n f}{dx^n}$$

로 나타낸다. 한편, 2계도함수 이상의 도함수를 통틀어 **고계도함수**라고 한다.

예제 6.28. 함수 $f(x) = 4x^3 + x^2 + 3x - 1$의 이계도함수 f''을 구하여라.

풀이. 함수 f의 도함수가 $f'(x) = 12x^2 + 2x + 3$이므로

$$f''(x) = 24x + 2$$

이다. □

6.4.8 직선운동에서의 변위와 속도와 가속도

물체가 직선을 따라 움직일 때, 그 위치를 $s = f(t)$와 같이 함수 $f\colon I \to \mathbb{R}$로 나타내자. 이때

$$\Delta s = f(t + \Delta t) - f(t)$$

를 시간 t에서 $t + \Delta t$까지의 물체의 **변위**라고 하고,

$$\frac{\text{변위}}{\text{이동시간}} = \frac{\Delta s}{\Delta t} = \frac{f(t + \Delta t) - f(t)}{\Delta t}$$

를 시간 t에서 $t + \Delta t$까지의 물체의 **평균속도**라고 한다.

움직이는 물체의 속도는 시간에 대한 위치의 순간변화율이다. 따라서

$$v(t) = \frac{ds}{dt}(t) = \lim_{\Delta t \to 0} \frac{f(t + \Delta t) - f(t)}{\Delta t}$$

가 시간 t에서 물체의 **속도**이다. 움직이는 물체의 속도의 절댓값을 물체의 **속력**이라고 한다. 즉,

$$\text{속력} = |v(t)| = \left|\frac{ds}{dt}(t)\right|$$

이다. 그리고 움직이는 물체의 시간에 대한 속도의 순간변화율을 물체의 **가속도**라고 한다. 따라서 시간 t에서 물체의 위치가 $s = f(t)$이면

$$a(t) = \frac{dv}{dt}(t) = \frac{d^2 s}{dt^2}(t) = \frac{d^2 f}{dt^2}(t)$$

가 시간 t에서 물체의 가속도이다.

예제 6.29. 물체가 직선을 따라서 움직일 때, 함수 $s(t) = t^2 - 4t + 6$가 물체의 위치함수이다. 이때 시간 $t = 1$에서의 속도와 가속도를 구하여라.

풀이. 물체의 위치함수가 $s(t) = t^2 - 4t + 6$이므로,

$$v(t) = s'(t) = 2t - 4$$

가 시간 t에서 물체의 속도이고

$$a(t) = v'(t) = 2$$

가 시간 t에서 물체의 가속도이다. 따라서 시간 $t = 1$에서 물체의 속도와 가속도는 각각

$$v(1) = -2, \qquad a(1) = 2$$

이다. □

연습문제 6.4

1. 다음 함수를 미분하여라.

   (가) $f(x) = 3x^2 + x - 4$, (나) $f(x) = (2x+1)(x^2 - 4x + 1)$,

   (다) $f(x) = (3x^2 + 2)^3$, (라) $f(x) = (x^3 + 2x^2 + 6x + 5)^5$.

2. 다음 함수를 미분하여라.

   (가) $f(x) = \dfrac{3x - 2}{x^2 + 3}$, (나) $f(x) = \left(1 + \dfrac{1}{x}\right)^4$.

3. 다음에서 dy/dx를 구하여라.

   (가) $y = 3x^2 - x + 2$, (나) $y = \sqrt{x^2 + 1}$,

   (다) $x = 2t + 1,\ y = t^2 - t + 3$, (라) $x = t^2 + 3t - 2,\ y = 3t^2 - 2t + 1$.

4. 다음 함수를 미분하여라.

   (가) $y = (x^2 + 2)^{1/3}$, (나) $y = (x+1)\sqrt{1 - x^2}$,

   (다) $y = \dfrac{x}{\sqrt{x^2 + 1}}$, (라) $y = \dfrac{x + 1}{\sqrt{1 - x^2}}$.

5. 평균값 정리를 이용해서 $\sqrt{101}$의 근삿값을 구하여라.

6. 다음 음함수에서 dy/dx를 구하여라.

(가) $2x^2 + y^4 = 5$, (나) $x^2 + y^2 = 2xy$.

7. 갈릴레오가 지상에서 55미터인 피사의 탑에서 캐논볼을 떨어뜨렸다. 낙하하기 시작한 t초 후에 지상에서 볼의 높이가 $55 - 4.9t^2$미터일 때, 다음의 물음에 답하여라.

(가) 시간 t에서 볼의 속도, 속력, 가속도는 얼마인가?

(나) 볼이 지상에 떨어지는데 걸리는 시간은 얼마인가?

(다) 지상에 충돌하는 순간의 볼의 속도는 얼마인가?

6.5 미분의 응용

6.5.1 함수의 증가와 감소

함수 f에 대하여, 구간 I에 놓인 임의의 두 점 x_1와 x_2에 대하여,

$$x_1 < x_2 \ \rightarrow \ f(x_1) \leq f(x_2)$$

이면 함수 f는 구간 I에서 **증가한다**고 하고,

$$x_1 < x_2 \ \rightarrow \ f(x_1) \geq f(x_2)$$

이면 함수 f는 구간 I에서 **감소한다**고 한다.

보기 6.9. 함수 $f(x) = x^2$은 구간 $(0, \infty)$에서 증가하고, 구간 $(-\infty, 0)$에서 감소한다.

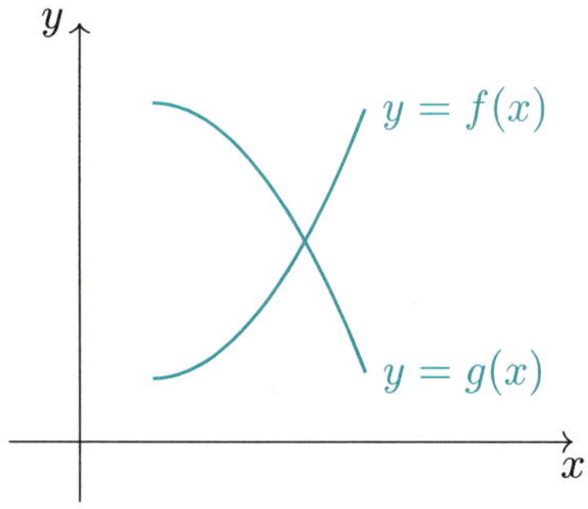

그림 6.10 증가함수 f와 감소함수 g

미분계수 $f'(x)$는 점 $(x, f(x))$에서 $y = f(x)$의 접선의 기울기임을 알고 있다. 만일 $f'(x) > 0$이면 접선은 오른쪽 위로 올라가고, $f'(x) < 0$이면 접선은 오른쪽 아래로 내려간다. 따라서 직관적으로 다음 정리를 확인할 수 있다.

정리 6.27: 함수의 도함수와 함수의 증가와 감소

함수 f가 구간 I에서 미분가능하면 다음이 성립한다.

(가) 만일 구간 I의 모든 점 x에서 $f'(x) > 0$이면 f는 구간 I에서 증가한다.

(나) 만일 구간 I의 모든 점 x에서 $f'(x) < 0$이면 f는 구간 I에서 감소한다.

보기 6.10. 함수 $f(x) = x^2 - 4x + 6$에 대하여, $f'(x) = 2x - 4 = 2(x-2)$, $x < 2$일 때 $f'(x) < 0$이고 $2 < x$일 때 $0 < f'(x)$이다. 따라서 함수 f는 구간 $(-\infty, 2)$에서 감소하고 구간 $(2, \infty)$에서 증가한다.

6.5.2 함수의 극점과 극값

어떤 점에서의 함숫값이 그 근방에서 가장 큰 함숫값이거나 가장 작은 함숫값인 경우를 다음과 같이 정의한다.

정의 6.9: 함수의 극점과 극값

함수 $f: I \to \mathbb{R}$와 점 $c_1 \in I$에 대하여,

$$\text{모든 } x \in (c_1 - \delta, c_1 + \delta)\text{에 대하여, } f(x) \leq f(c_1)$$

인 양의 실수 δ가 존재하면 c_1은 f의 **극대점**이라고 하고 $f(c_1)$은 f의 **극댓값**이라고 한다.

함수 $f: I \to \mathbb{R}$와 점 $c_2 \in I$에 대하여,

$$\text{모든 } x \in (c_2 - \delta, c_2 + \delta)\text{에 대하여, } f(c_1) \leq f(x)$$

인 양의 실수 δ가 존재하면 c_2는 f의 **극소점**이라고 하고 $f(c_2)$는 f의 **극솟값**이라고 한다.

극대점과 극소점을 통틀어서 **극점**이라고 하고 극댓값과 극솟값을 통틀어서 **극값**이라고 한다.

보기 6.11. 함수 $f(x) = (2/3)x^3 - 2x - 1$에 대하여, 그림 6.11에서와 같이 -1은 f의 극대점이고 이때의 극댓값은 $f(-1) = 1/3$이다. 또한 1은 f의 극소점이고 이때의 극솟값은 $f(1) = -7/3$이다.

보기 6.12. 함수 $f(x) = |x|$에 대하여, 0은 f의 극소점이다. 이때 f는 연속함수이지만 0에서 미분가능하지 않다.

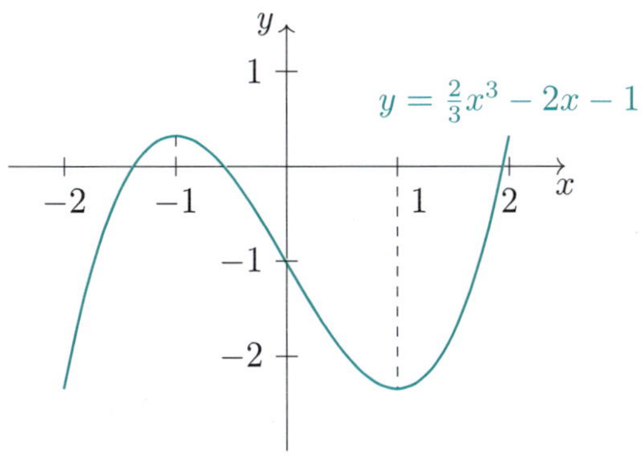

그림 6.11 $y = (2/3)x^3 - 2x - 1$의 그래프

정리 6.28: 임계점 정리

미분가능한 함수 $f: I \to \mathbb{R}$와 점 $a \in I$에 대하여, a가 f의 극점이면 $f'(a) = 0$이다.

증명. 점 a가 f의 극대점이라고 가정하자. 충분히 작은 양의 실수를 h로 놓자. 만일 $0 < h$이면

$$\frac{f(a+h) - f(a)}{h} \leq 0$$

이고 만일 $h < 0$이면

$$\frac{f(a+h) - f(a)}{h} \geq 0$$

이므로

$$0 \leq \lim_{h \to 0^-} \frac{f(a+h) - f(a)}{h} = \lim_{h \to 0^+} \frac{f(a+h) - f(a)}{h} \leq 0$$

이다. 따라서 $f'(a) = 0$이다.

점 a가 f의 극소점인 경우에도 같은 방법으로 증명할 수 있다. □

정리 6.28의 역은 일반적으로 성립하지 않는다. 즉, $f'(a) = 0$이면서 a가 f의 극점이 아닐 수 있다.

보기 6.13. 함수 $f(x) = x^3$에 대하여, $f'(x) = 3x^2$이므로 $f'(0) = 0$이다. 하지만, 0의 좌우에서 $f'(x)$의 부호가 바뀌지 않고 항상 $f'(x) = 3x^2 > 0$ $(x \neq 0)$이므로 0은 f의 극점이 아니다.

결론적으로, 미분가능한 함수 f의 극점을 판별할 때는 방정식 $f'(x) = 0$의 근을 구한 후에 그 근의 좌우에서 도함수 $f'(x)$의 부호가 바뀌는지를 확인하여야 한다.

정리 6.29: 도함수를 이용한 함수의 극점 판정법 I

미분가능한 함수 $f\colon I \to \mathbb{R}$와 점 $a \in \mathbb{R}$에 대하여, $f'(a) = 0$일 때 다음이 성립한다.

(가) 점 a의 좌우에서 $f'(x)$의 부호가 양에서 음으로 변하면 점 a는 f의 극대점이다.

(나) 점 a의 좌우에서 $f'(x)$의 부호가 음에서 양으로 변하면 점 a는 f의 극소점이다.

예제 6.30. 함수 $f(x) = x^3 - 6x^2 + 9x + 1$의 극값을 구하여라.

풀이. 함수 f는 다항함수이므로 미분가능이고

$$f'(x) = 3x^2 - 12x + 9 = 3(x-1)(x-3)$$

이다. 따라서 f의 증감을 조사하면, $x < 1$이면 $f'(x) > 0$이고, $1 < x < 3$이면 $f'(x) < 0$이며, $x > 3$이면 $f'(x) > 0$이다. 따라서 1의 좌우에서 $f'(x)$의 부호가 양에서 음으로 변하고, 3의 좌우에서 $f'(x)$의 부호가 음에서 양으로 변한다. 즉, 1은 f의 극대점이고 이때 극댓값은 $f(1) = 5$이다. 또한 3은 f의 극소점이고 이때 극솟값은 $f(3) = 1$이다. □

이계도함수를 이용하여 함수의 극점을 다음과 같이 판별할 수 있다.

정리 6.30: 도함수를 이용한 함수의 극점 판정법 II

함수 $f\colon I \to \mathbb{R}$와 점 $a \in \mathbb{R}$에 대하여, a 근방에서 도함수 f'와 이계도함수 f''가 존재하고 $f'(a) = 0$이면 다음이 성립한다.

(가) 만일 $f''(a) > 0$이면 점 a는 f의 극소점이다.

(나) 만일 $f''(a) < 0$이면 점 a는 f의 극대점이다.

증명. (가) 함수 f에 대하여, $f'(a) = 0$이고 $f''(a) > 0$이면 a 근방에서 f'는 증가하고 $f'(a) = 0$이므로 $f'(x)$의 부호는 a의 좌우에서 음에서 양으로 변한다. 따라서 점 a는 f의 극소점이다.

(나) 함수 f에 대하여, $f'(a) = 0$이고 $f''(a) < 0$이면 a 근방에서 f'는 감소하고 $f'(a) = 0$이므로 $f'(x)$의 부호는 a의 좌우에서 양에서 음으로 변한다. 따라서 점 a는 f의 극대점이다. □

예제 6.31. 함수 $f(x) = x^3 - 3x + 2$의 극값을 구하여라.

풀이. 함수 f의 도함수는 $f'(x) = 3x^2 - 3$이고 이계도함수는 $f''(x) = 6x$이므로, $f(1) = 0 = f(-1)$이다. 그런데

$$f''(1) = 6 > 0 \quad \text{그리고} \quad f''(-1) = -6 < 0$$

이므로 1이 f의 극소점이고 이때의 극솟값은 $f(1) = 0$이다. 또한 -1은 f의 극대점이고 이때의 극댓값은 $f(-1) = 4$이다. □

6.5.3 함수의 최댓값과 최솟값

함수는 함숫값 중에서 최댓값과 최솟값이 존재할 수도 있고 그렇지 않을 수도 있다. 그런데 최댓값·최솟값의 정리(정리 6.7)에 따르면

"닫힌 구간 $[a, b]$에서의 연속함수 f의 최댓값과 최솟값은 존재한다."

미분가능한 함수 $f\colon [a, b] \to \mathbb{R}$에 대하여, f의 극값 그리고 양 끝점에서의 함숫값 $f(a)$와 $f(b)$ 중에서 가장 큰 값이 최댓값이고 가장 작은 값이 최솟값이다.

예제 6.32. 구간 $[-1/2, 2]$에서 함수 $f(x) = -2x^3 + 3x^2$의 최댓값과 최솟값을 구하여라.

풀이. $f'(x) = -6x^2 + 6x = -6x(x-1)$이고 $f''(x) = -12x + 6$이므로 $[-1/2, 2]$에서 $f'(x) = 0$인 점은 $x = 0, 1$이다. 또한 $f''(0) = 6 > 0$이고 $f''(1) = -6 < 0$이므로, 점 0이 f의 극소점이고 이때의 극솟값은 $f(0) = 0$이며, 점 1은 f의 극대점이고 이때의 극댓값은 $f(1) = 1$이다. 한편, 양 끝점 $x = -1/2$, $x = 2$에서 $f(-1/2) = 1$, $f(2) = -4$이므로 이들을 비교하면 함수 f는 1과 $-1/2$에서 최댓값 1이 존재하고 2에서 최솟값 -4이 존재한다. □

6.5.4 이계도함수에 따른 함수 그래프의 오목성

함수 $f: I \to \mathbb{R}$에 대하여, 이계도함수 f''을 이용하여 함수 그래프 $y = f(x)$의 오목성을 알아보자.

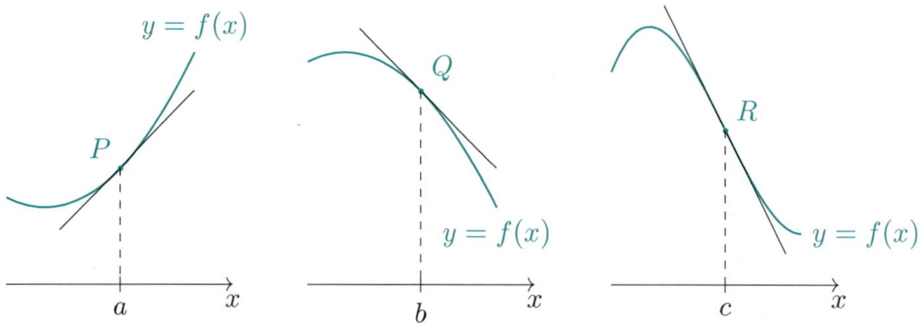

그림 6.12 위로 오목과 아래로 오목과 변곡

그림 6.12에서와 같이, a 근방에서 $f''(x) > 0$이면 f'이 증가하므로 점 P 근방에 놓인 함수의 그래프 $y = f(x)$의 점이 모두 접선 위쪽에 놓인다. 이때 함수의 그래프 $y = f(x)$는 P에서 **위로 오목하다**라고 한다.

만약 b 근방에서 $f''(x) < 0$이면 f'이 감소하므로 점 Q 근방에 놓인 함수의 그래프 $y = f(x)$의 점은 모두 접선 아래에 놓인다. 이때 함수의 그래프 $y = f(x)$는 Q에서 **아래로 오목하다**라고 한다.

만약 $f''(c) = 0$이고 c 근방에서 $f''(x)$의 부호가 바뀌면 f'이 감소하다가 증가하거나 또는 증가하다가 감소하므로 점 R에서 함수의 그래프 한쪽은 접선의 위쪽에 놓이고 다른 한쪽은 접선 아래에 놓인다. 이때 곡선 $y = f(x)$는 R에서 **변곡한다**고 하고 점 R을 함수 그래프 $y = f(x)$의 **변곡점**이라고 한다.

다음 정리는 명백하다.

정리 6.31: 이계도함수에 따른 함수 그래프의 오목성

함수 $f: I \to \mathbb{R}$에 대하여, 이계도함수 f''이 존재하면 다음이 성립한다.

(가) 구간 I의 모든 x에서 $f''(x) > 0$이면 곡선 $y = f(x)$는 구간 I에서 위로 오목하다.

(나) 구간 I의 모든 x에서 $f''(x) < 0$이면, 곡선 $y = f(x)$는 구간 I에서 아래로 오목하다.

예제 6.33. 함수 $f(x) = 2x^3 - 9x^2 + 12x - 3$의 오목성을 조사하여라.

풀이. 함수 f에 대하여,

$$f'(x) = 6x^2 - 18x + 12 \quad \text{그리고} \quad f''(x) = 12x - 18 = 6(2x - 3)$$

이므로, $x > 3/2$이면 $f''(x) > 0$이고 $y = f(x)$는 위로 오목이다. 또한 $x < 3/2$이면 $f''(x) < 0$이고 $y = f(x)$는 아래로 오목이다. 그리고 $f''(3/2) = 0$이고 $3/2$의 좌우에서 f''의 부호가 바뀌므로 점 $(3/2, 3/2)$이 $y = f(x)$의 변곡점이다. □

연습문제 6.5

1. 다음 각 함수의 증감을 조사하여라.

   (가) $f(x) = x^3 - 3x^2 + 3x$,

   (나) $f(x) = x/(1 + x^2)$,

   (다) $f(x) = \sqrt[3]{x} + 2$.

2. 함수 $f(x) = x^3 - ax^2 + ax + 1$가 항상 증가하기 위한 a의 값의 범위를 구하여라.

3. 다음 함수의 극값을 구하여라.

   (가) $f(x) = \dfrac{x^3}{3} - x^2 - 3x + 4$, (나) $f(x) = \dfrac{x^2}{\sqrt{x^2 + 4}}$.

4. 이계도함수를 이용하여 다음 함수의 극값을 구하여라.

   (가) $f(x) = x^3 - 3x^2 + 3x$, (나) $f(x) = \dfrac{x}{1 + x^2}$.

5. 함수의 그래프 $y = 3x^4 - 8x^3 + 6x^2 + 1$의 오목성을 조사하고 변곡점을 구하여라.

6. 다음 함수의 그래프를 그려라.

   (가) $f(x) = 2x^2 - \dfrac{1}{4}x^4$, (나) $f(x) = \dfrac{x^2}{x^2 - 4}$, (다) $f(x) = \dfrac{x^2 - 2x + 4}{x - 2}$.

제 7 장

함수의 적분

이 장에서는 함수의 적분에 대하여 알아본다. 먼저, 함수의 도함수를 구하는 과정의 역과정으로서의 부정적분을 탐구한다. 함수의 정적분을 정의하고 여러 함수들의 정적분을 구하는 방법을 탐구한다. 미분적분학의 기본정리를 탐구하여, 함수의 부정적분을 이용하여 정적분을 쉽게 알 수 있는 방법을 탐구한다. 또한 정적분을 구하는 방법으로서 치환적분법과 부분적분법을 알아본다.

7.1 함수의 적분

7.1.1 함수의 정적분

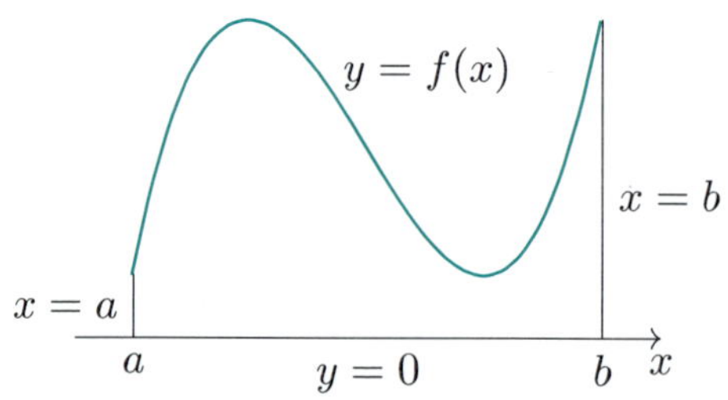

그림 7.1 정적분 $\int_a^b f(x)\,dx$의 이해

닫힌 구간 $[a,b]$에 정의된 연속함수 f에 대하여, 그림 7.1과 같이 $x=a$와 $x=b$와 $y=0$ 그리고 그래프 $y=f(x)$로 둘러싸인 영역의 부호 있는 넓이를 구간 $[a,b]$에서 함수 f의 **정적분**이라고 하고

$$\int_a^b f(x)\,dx$$

로 나타낸다. 여기서 $\int$를 **적분**[1]이라고 읽고 f는 **피적분함수**라고 하고 x는 **적분변수** 그리고 a를 **아래 끝점**, b를 **위 끝점**이라고 한다. 또한 정적분 $\int_a^b f(x)\,dx$의 값을 구함을 함수 f를 구간 $[a,b]$에서 **정적분한다**고 한다.

이때 **부호 있는 넓이**란 x-축의 위 부분에 놓인 영역의 넓이는 양의 넓이이고 x-축 아래 부분에 놓인 영역의 넓이는 음의 넓이를 의미한다. 즉, 다음과 같이 정적분의 부호가 정해진다.

(가) 모든 $x \in (a,b)$에 대하여 $0 < f(x)$이면, 정적분 $\int_a^b f(x)\,dx$는 양수이다.

(나) 모든 $x \in (a,b)$에 대하여 $f(x) < 0$이면, 정적분 $\int_a^b f(x)\,dx$는 음수이다.

(다) 구간 (a,b)에서 방정식 $f(x)=0$의 유한개의 근 $x_1 < x_2 < \ldots < x_k$이 존재하면

$$\int_a^b f(x)\,dx = \int_a^{x_1} f(x)\,dx + \int_{x_1}^{x_2} f(x)\,dx + \cdots + \int_{x_{k-1}}^{x_k} f(x)\,dx + \int_{x_k}^{b} f(x)\,dx$$

[1] 적분을 **인테그럴**(integral)이라고 읽기도 한다.

이다. 여기서 $x_0 = a$와 $x_{k+1} = b$로 놓으면, $i = 1, \ldots, k+1$일 때 $\int_{x_{i-1}}^{x_i} f(x)\,dx$의 부호는 (가)와 (나)에 따라서 결정된다.

연속함수 f에 대하여, 위의 (가)와 (나)와 (다)보다 더 복잡한 경우가 있으나, 일반적으로 정적분 $\int_a^b f(x)\,dx$는 위와 같은 방법으로 구할 수 있다.

닫힌 구간 $[a, b]$를 똑같은 길이로 n등분하여 구간의 분점을 차례로

$$a = x_0 < x_1 < x_2 < \cdots < x_{n-1} < x_n = b$$

라고 놓고 소구간의 길이를 $\Delta x = (b-a)/n$로 놓으면

$$x_i = a + i \cdot \Delta x \qquad (i = 0, 1, 2, \ldots, n)$$

이다.

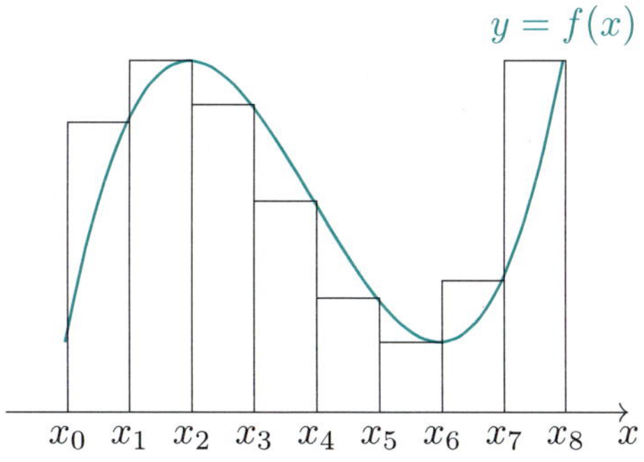

그림 7.2 정적분을 구하기 위한 구분구적법

그림 7.2와 같이, n등분한 소구간을 밑변으로 하는 직사각형의 넓이의 합 S_n을 구하자. $i = 1, \ldots, n$일 때, i번째 직사각형에서 밑변의 길이가 Δx이고 높이가 $f(x_i)$이므로 i번째 직사각형의 넓이는 $f(x_i)\Delta x$이다. 이들 n개의 직사각형의 넓이의 합은

$$S_n = f(x_1)\Delta x + f(x_2)\Delta x + \cdots + f(x_n)\Delta x = \sum_{i=1}^{n} f(x_i)\Delta x$$

이고, n이 한없이 커질 때 S_n의 극한이 구간 $[a, b]$에서 함수 f의 정적분이다. 즉,

$$\lim_{n\to\infty} \sum_{i=1}^{n} f(x_i)\Delta x = \int_a^b f(x)\,dx$$

이다. 위의 식의 왼쪽 변의 형태로부터 오른쪽 변의 정적분의 형태를 이해할 수 있다. 즉, $\sum$를 $\int$로 바꾸고 Δx를 dx로 바꾸어 정적분을 나타낸다.

> **예제 7.1.** 구분구적법을 사용하여 정적분 $\int_0^2 x^2\,dx$를 구하여라.

풀이. 닫힌 구간 $[0,2]$를 n등분하면, 소구간의 길이가 $\Delta x = 2/n$이므로

$$x_i = 0 + \frac{2}{n}i \qquad (i = 0, 1, 2, \ldots, n)$$

이다. i번째 직사각형의 높이가 $f(x_i)$이므로 i번째 직사각형의 넓이는

$$f(x_i)\Delta x = (x_i)^2\,\Delta x = \left(\frac{2}{n}i\right)^2\frac{2}{n} = \frac{8}{n^3}i^2$$

이다. 따라서 n개의 직사각형의 넓이의 합 S_n은

$$S_n = \sum_{i=1}^{n} f(x_i)\Delta x = \sum_{i=1}^{n}\frac{8}{n^3}i^2$$

이다. n이 한없이 커질 때

$$\begin{aligned}\lim_{n\to\infty} S_n &= \lim_{n\to\infty}\frac{8}{n^3}\sum_{i=1}^{n} i^2 = \lim_{n\to\infty}\frac{8}{n^3}\cdot\frac{n(n+1)(2n+1)}{6} \\ &= \lim_{n\to\infty}\frac{4}{3}\cdot 1\cdot\left(1+\frac{1}{n}\right)\left(2+\frac{1}{n}\right) = \frac{8}{3}\end{aligned}$$

이므로, $\int_0^2 x^2\,dx = 8/3$이다. □

정적분의 정의에 따라서 다음의 정리가 성립한다.

정리 7.1: 정적분의 선형성

닫힌 구간 $[a,b]$에 정의된 연속함수 f와 g와 상수 k에 대하여,

(가) $\displaystyle\int_a^b (f(x)+g(x))\,dx = \int_a^b f(x)\,dx + \int_a^b g(x)\,dx$,

(나) $\displaystyle\int_a^b kf(x)\,dx = k\int_a^b f(x)\,dx$

이다.

예제 7.2. 등식

$$\int_1^3 (x+1)\,dx = \int_1^3 x\,dx + \int_1^3 1\,dx$$

이 성립함을 보여라.

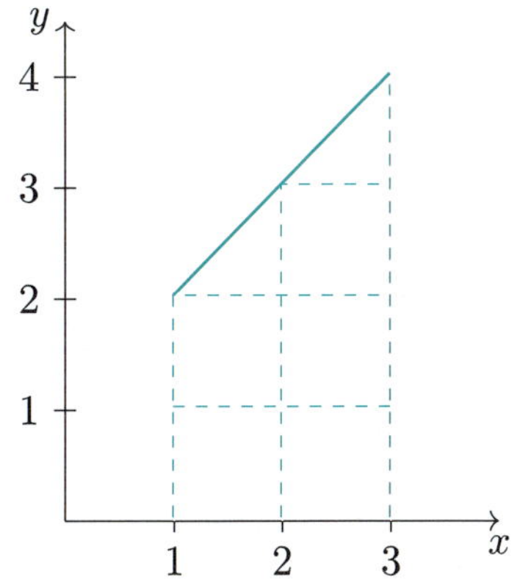

그림 7.3 구간 $[1,3]$에서 함수 $f(x)=x+1$의 그래프

풀이. 함수 $f(x)=x+1$의 그래프가 그림 7.3과 같으므로 구간 $[1,3]$에서

$$\int_1^3 (x+1)\,dx = 6$$

이다. 한편

$$\int_1^3 x\,dx = 4 \quad \text{그리고} \quad \int_1^3 1\,dx = 2$$

이므로

$$\int_1^3 (x+1)\,dx = \int_1^3 x\,dx + \int_1^3 1\,dx$$

이다. □

닫힌 구간 $[a,b]$에 정의된 연속함수 f에 대하여, 정적분 $\int_b^a f(x)\,dx$를

$$\int_b^a f(x)\,dx = -\int_a^b f(x)\,dx$$

로 정의한다. 이것은 직사각형에서 가로의 길이가 음수인 경우와 같은 상황이다.

정리 7.2: 구간에 대한 정적분의 성질

연속함수 f가 정의된 구간에서

$$\int_a^c f(x)\,dx = \int_a^b f(x)\,dx + \int_b^c f(x)\,dx$$

이다.

7.1.2 미분적분학의 기본정리

일반적인 연속함수 f에 대하여, 정적분 $\int_a^b f(x)\,dx$를 구하는 것은 쉬운 일이 아니다. 간단한 함수의 경우에 구분구적법을 사용하여 구하는 경우가 있지만, 일반적인 함수에는 이 방법으로 정적분을 구하는 것은 대부분 불가능하다.

그러나 f의 원시함수 F를 알고 있는 경우에는 정적분 $\int_a^b f(x)\,dx$를 아주 쉽게 구할 수 있는 놀라운 방법이 있다. 여기서 그 방법을 살펴보자.

먼저 다음을 정리하자.

정리 7.3: 정적분으로 정의된 함수의 도함수

연속함수 $f : [a, b] \to \mathbb{R}$에 대하여,

$$h(x) = \int_a^x f(t)\,dt$$

이면 $h' = f$이다.

증명. 함수 $h\colon [a, b] \to \mathbb{R}$를

$$h(x) = \int_a^x f(t)\,dt$$

로 정의하자. 그러면

$$\begin{aligned} h'(x) &= \lim_{s\to 0} \frac{h(x+s) - h(x)}{s} \\ &= \lim_{s\to 0} \frac{1}{s} \left[\int_a^{x+s} f(t)\,dt - \int_a^x f(t)\,dt \right] \\ &= \lim_{s\to 0} \frac{1}{s} \int_x^{x+s} f(t)\,dt \end{aligned}$$

이다. 여기서 구간 $[x, x+s]$에서 f의 최솟값을 $m(x;s)$로 최댓값을 $M(x;s)$로 놓으면

$$m(x;s)\cdot s \leq \int_x^{x+s} f(t)\,dt \leq M(x;s)\cdot s$$

이므로

$$m(x;s) \leq \frac{1}{s}\int_x^{x+s} f(t)\,dt \leq M(x;s)$$

이다. 그런데 $\lim_{s\to 0} m(x;s) = f(x) = \lim_{s\to 0} M(x;s)$이므로 압축정리에 따라서 $h'(x) = f(x)$이다. □

보기 7.1. $f(x) = \int_2^x (2t+5)^3\,dt$이면 $f'(x) = (2x+5)^3$이다.

예제 7.3. 함수 $f(x) = \int_0^{x^2} e^{3t+1}\,dt$의 도함수 f'을 구하여라.

풀이. 연쇄법칙을 적용하기 위하여

$$u = g(x) = x^2, \quad h(u) = \int_0^u e^{3t+1}\,dt$$

로 놓으면, $g'(x) = 2x$이고 $h'(u) = e^{3u+1}$이다. 연쇄법칙에 따라서 합성함수 $f = h\circ g$의 도함수는

$$f'(x) = h'(g(x))g'(x) = e^{3x^2+1}2x$$

이다. □

만약 $F' = f$이면 함수 F는 f의 **원시함수**라고 한다. 원시함수가 밝혀진 함수의 정적분을 다음과 같이 쉽게 구할 수 있다.

정리 7.4: 미분적분학의 기본정리

연속함수 $f : [a,b] \to \mathbb{R}$에 대하여, 함수 F가 f의 원시함수이면

$$\int_a^b f(x)\,dx = F(b) - F(a)$$

이다.

증명. 함수 F가 f의 원시함수 즉, $F' = f$라고 가정하자. $h(x) = \int_a^x f(t)\,dt$이면 $h' = f$이므로 $F(x) = h(x) + c$ 인 상수 c가 존재한다. 그런데 $h(a) = \int_a^a f(t)\,dt = 0$이므로 $F(a) = c$이다. 따라서

$$\int_a^b f(t)\,dt = h(b) = F(b) - c = F(b) - F(a)$$

이다. □

$F(b) - F(a)$를 $[F(x)]_a^b$로 나타내기도 한다.

예제 7.4. 정적분 $\int_0^b x^2\,dx$를 구하여라.

증명. $F(x) = x^3/3$일 때, $F'(x) = x^2$이므로,

$$\int_0^b x^2\,dx = \left[\frac{1}{3}x^3\right]_0^b = \frac{b^3}{3}$$

이다. □

예제 7.5. 정적분 $\int_a^b (x-7)^4\,dx$를 구하여라.

증명. $F(x) = (x-7)^5/5$일 때, $F'(x) = (x-7)^4$이므로

$$\int_a^b (x-7)^4\,dx = \left[\frac{1}{5}(x-7)^5\right]_a^b = \frac{(b-7)^5}{5} - \frac{(a-7)^5}{5}$$

이다. □

예제 7.6. 다음의 정적분을 계산하여라.

(가) $\displaystyle\int_{-1}^2 x^3\,dx$, (나) $\displaystyle\int_4^9 \sqrt{x}\,dx$,

(다) $\displaystyle\int_1^4 \frac{1}{x^2}\,dx$, (라) $\displaystyle\int_{10}^{11} (x-10)^{14}\,dx$.

풀이. (가) $\displaystyle\int_{-1}^2 x^3\,dx = \left[\frac{1}{4}x^4\right]_{-1}^2 = \frac{1}{4}2^4 - \frac{1}{4}(-1)^4 = \frac{16-1}{4} = \frac{15}{4}$.

(나) $\displaystyle\int_4^9 \sqrt{x}\,dx = \left[\frac{2}{3}x^{3/2}\right]_4^9 = \frac{2}{3}9^{3/2} - \frac{2}{3}4^{3/2} = \frac{2}{3}\cdot 27 - \frac{2}{3}\cdot 8 = \frac{2}{3}\cdot 19 = \frac{38}{3}.$

(다) $\displaystyle\int_1^4 \frac{1}{x^2}\,dx = \left[-x^{-1}\right]_1^4 = -4^{-1} - (-1^{-1}) = -\frac{1}{4} + 1 = \frac{3}{4}.$

(라) $$\int_{10}^{11} (x-10)^{14}\,dx = \left[\frac{1}{15}(x-10)^{15}\right]_{10}^{11} = \frac{1}{15}(11-10)^{15} - \frac{1}{15}(10-10)^{15} = \frac{1}{15}.$$ □

7.1.3 부정적분

연속함수 $f\colon [a,b] \to \mathbb{R}$에 대하여, 함수 F가 f의 원시함수이면 미분적분학의 기본정리에 따라서

$$\int_a^b f(x)\,dx = F(b) - F(a)$$

이다. 따라서 함수 f의 원시함수를 찾으면 정적분 $\int_a^b f(x)\,dx$를 쉽게 구할 수 있다. 이런 이유로, 함수 f의 원시함수를 f의 **부정적분**이라고도 한다.

보기 7.2. 함수 $f(x) = 3x^2$에 대하여, $F(x) = x^3$일 때 $F'(x) = 3x^2 = f(x)$이므로 함수 F는 f의 부정적분이다.

함수의 부정적분에 대하여 다음이 성립한다.

정리 7.5: 부정적분의 기본성질

함수 $f\colon I \to \mathbb{R}$에 대하여, 다음이 성립한다.

(가) 함수 F가 f의 부정적분이면, 임의의 상수 c에 대하여 $G(x) = F(x) + c$인 함수 G도 f의 부정적분이다.

(나) 함수 F와 G가 모두 f의 부정적분이면 $G(x) = F(x) + c$인 상수 c가 존재한다.

증명. (가) 함수 F가 f의 부정적분이고 c가 임의의 상수일 때, $G(x) = f(x) + c$이면 $G'(x) = F'(x) = f(x)$이므로, 함수 G도 f의 부정적분이다.

(나) 함수 F와 G가 모두 f의 부정적분이면, 함수 $H(x) = G(x) - F(x)$에 대하여

$$H'(x) = G'(x) - F'(x) = f(x) - f(x) = 0$$

이다. 그런데 도함수가 영함수인 함수는 상수함수이므로, $H(x) = c$ 즉,

$$G(x) = F(x) + c$$

인 상수 c가 존재한다. □

위의 정리에 따라서 함수 F가 함수 f의 부정적분이면 f의 모든 부정적분은

$$F(x) + c \quad (c\text{는 상수})$$

꼴로 나타난다. 이것을 기호로

$$\int f(x)\,dx = F(x) + c$$

로 나타낸다. 여기서 f는 **피적분함수**라고 하며 x는 **적분변수**라고 하고 c는 **적분상수**라고 한다. 함수 f의 부정적분을 구함을 x에 대하여 f를 **부정적분한다**고 하며, 그 계산법을 **부정적분법**이라고 한다.

함수의 부정적분의 기본성질은 다음과 같다.

정리 7.6: 부정적분의 선형성

구간 I에 정의된 함수 f와 g에 대하여, f와 g의 부정적분이 존재하면

(가) $\int kf(x)\,dx = k\int f(x)\,dx \quad (k\text{는 상수}),$

(나) $\int (f(x) + g(x))\,dx = \int f(x)\,dx + \int g(x)\,dx$

이다.

증명. 함수 F가 f의 부정적분이고 함수 G가 g의 부정적분이면

$$F'(x) = f(x) \quad \text{그리고} \quad G'(x) = g(x)$$

이다. 따라서 임의의 상수 k에 대하여 $H(x) = kF(x)$일 때

$$H'(x) = kF'(x) = kf(x)$$

이고 $K(x) = F(x) + G(x)$일 때

$$K'(x) = F'(x) + G'(x) = f(x) + g(x)$$

이다. □

거듭제곱함수의 부정적분은 다음과 같다.

정리 7.7: 거듭제곱함수의 부정적분

-1이 아닌 상수 r에 대하여,

$$\int x^r \, dx = \frac{x^{r+1}}{r+1} + c$$

이다.

증명. 지수 r이 -1이 아닌 실수이면

$$\left(\frac{x^{r+1}}{r+1}\right)' = x^r$$

이다. □

예제 7.7. 다음 부정적분을 구하여라.

(가) $\int x^2 \, dx$, (나) $\int \sqrt{x} \, dx$, (다) $\int (x^2 + 2x + 3) \, dx$.

풀이. (가) $\int x^2 \, dx = \frac{x^3}{3} + c$.

(나) $\int \sqrt{x} \, dx = \int x^{1/2} \, dx = \frac{2}{3} x^{3/2} + c$.

(다) $\int (x^2 + 2x + 3) \, dx = \int x^2 \, dx + 2 \int x \, dx + \int 3 \, dx = \frac{x^3}{3} + x^2 + 3x + c$. □

연습문제 7.1

1. 구분구적법을 사용하여 다음 정적분을 구하여라.

(가) $\int_0^1 2x\,dx$, (나) $\int_0^1 x^2\,dx$,

(다) $\int_0^2 x^3\,dx$, (라) $\int_{-2}^3 \left(\frac{x}{2}+3\right)\,dx$.

2. 다음 극한을 구하여라.

(가) $\lim_{n\to\infty}\frac{1}{n}\left(\sqrt{\frac{1}{n}}+\sqrt{\frac{2}{n}}+\cdots+\sqrt{\frac{n}{n}}\right)$,

(나) $\lim_{n\to\infty}\frac{1}{n}\left(\sin\frac{\pi}{n}+\sin\frac{2\pi}{n}+\cdots+\sin\frac{n\pi}{n}\right)$.

3. 다음 정적분을 계산하여라.

(가) $\int_{-1}^3 (2x+1)\,dx$, (나) $\int_{-2}^2 (x^4-2x^2+3)\,dx$,

(다) $\int_0^2 (1+3x+x^2)\,dx$, (라) $\int_0^2 (1+x)^2\,dx$,

4. 조건

$$f(x)=\cos x+\int_0^{\pi/2} f(t)dt$$

이 성립하는 함수 $f\colon \mathbb{R}\to\mathbb{R}$를 구하여라.

5. 다음 부정적분을 구하여라.

(가) $\int (4x^2+7)\,dx$, (나) $\int x\sqrt{x}\,dx$,

(다) $\int \frac{x^2-3}{\sqrt{x}}\,dx$, (라) $\int \frac{3x^2+x+5}{x^2}\,dx$,

(마) $\int (e^x+e)\,dx$, (바) $\int (3e^x-2^{2x})\,dx\,dx$.

6. 연속함수 $f\colon [0,4]\to\mathbb{R}$에 대하여, $\int_0^2 f(x)\,dx=2$이고 $\int_0^4 f(x)\,dx=5$일 때 다음 정적분을 구하여라.

(가) $\int_2^4 f(x)\,dx$, (나) $\int_4^0 3f(t)\,dt$.

7.2 함수의 적분방법

7.2.1 함수의 치환적분법

다음과 같이 피적분함수를 단순화하여 부정적분을 할 수 있다.

정리 7.8: 부정적분에 대한 치환적분법

연속함수 $f\colon J \to \mathbb{R}$와 미분가능한 함수 $g\colon I \to J$에 대하여,

$$\int f(g(x))g'(x)\,dx = \int f(u)du$$

이다.

증명. 함수 $F\colon J \to \mathbb{R}$가 f의 원시함수일 때, 즉 $F' = f$일 때, 합성함수 $(F \circ g)$를 생각하자. 합성함수 $(F \circ g)(x)$를 x에 대하여 미분하면 연쇄법칙에 따라서

$$(F \circ g)'(x) = F'(g(x))g'(x) = f(g(x))g'(x)$$

이므로

$$\int f(g(x))g'(x)\,dx = (F \circ g)(x) + c$$

이다. 한편,

$$\int f(u)\,du = F(u) + c = F(g(x)) + c$$

이므로

$$\int f(u)\,du = \int f(g(x))g'(x)\,dx$$

이다. □

위의 정리에서 $u = g(x)$이므로

$$\int f(g(x))g'(x)\,dx = \int f(u)\frac{du}{dx}\,dx = \int f(u)\,du$$

임을 알 수 있다.

예제 7.8. 다음 부정적분을 구하여라.

(가) $\displaystyle\int (3x+1)^4\,dx$, (나) $\displaystyle\int 2x\sqrt{x^2+3}\,dx$.

풀이. (가) $u = 3x+1$로 놓으면 $du/dx = 3$이므로

$$\int (3x+1)^4\,dx = \frac{1}{3}\int u^4 \frac{du}{dx}\,dx = \frac{1}{3}\int u^4\,du = \frac{1}{15}u^5 + c = \frac{1}{15}(3x+1)^5 + c$$

이다.

(나) $u = x^2+3$로 놓으면 $du/dx = 2x$이므로

$$\int 2x\sqrt{x^2+3}\,dx = \int \sqrt{u}\frac{du}{dx}\,dx = \int u^{1/2}\,du = \frac{2}{3}u^{3/2} + c = \frac{2}{3}(x^2+3)^{3/2} + c$$

이다. □

예제 7.9. 부정적분

$$\int \frac{x^3}{\sqrt{x^4+1}}\,dx$$

을 구하여라.

풀이. $u = x^4+1$라 두면 $du/dx = 4x^3$이므로

$$\int \frac{x^3}{\sqrt{x^4+1}}\,dx = \frac{1}{4}\int \frac{1}{\sqrt{u}}\frac{du}{dx}\,dx = \frac{1}{4}\int u^{-1/2}\,du = \frac{1}{2}u^{1/2} + c = \frac{1}{2}\sqrt{x^4+1} + c$$

이다. □

정적분의 치환적분법은 다음과 같이 정리할 수 있다.

정리 7.9: 정적분에 대한 치환적분법

미분가능한 함수 $f\colon [a,b] \to I$와 연속함수 $g\colon I \to \mathbb{R}$에 대하여,

$$\int_a^b g(f(x))f'(x)\,dx = \int_{f(a)}^{f(b)} g(u)\,du$$

이다.

증명. 함수 G가 g의 원시함수일 때, 합성함수 $h = G \circ f$의 도함수는

$$h'(x) = G'(f(x))f'(x) = g(f(x))f'(x)$$

이므로

$$\int_a^b g(f(x))f'(x)\,dx = \int_a^b h'(x)\,dx = h(b) - h(a)$$

이다. 여기서 $u = f(x)$로 놓으면

$$h(x) = G(f(x)) = G(u)$$

이고

$$\int_{f(a)}^{f(b)} g(u)\,du = G(f(b)) - G(f(a)) = h(b) - h(a)$$

이므로

$$\int_a^b g(f(x))f'(x)\,dx = \int_{f(a)}^{f(b)} g(u)\,du$$

이다. □

위의 정리의 식에서, 왼쪽 항의 피적분함수 $g(f(x))f'(x)$가 복잡하여 이 함수의 정적분을 구하기 힘들지만 오른쪽 항의 피적분함수 $g(u)$가 간단하여 이 함수의 정적분을 구할 수 있으면 이 정적분을 왼쪽 항의 정적분으로 구한다.

예제 7.10. 정적분 $\int_0^1 6x^2\sqrt{2x^3+4}\,dx$을 구하여라.

풀이. 치환적분법을 적용하기 위하여, $f(x) = 2x^3 + 4$로 놓으면 $f'(x) = 6x^2$이므로

$$\int_0^1 6x^2\sqrt{2x^3+4}\,dx = \int_4^6 \sqrt{u}\,du = \frac{2}{3}(6^{3/2} - 4^{3/2}) = \frac{2}{3}(6\sqrt{6} - 8)$$

이다. □

7.2.2 부분적분법

함수 $f\colon I \to \mathbb{R}$와 $G\colon I \to \mathbb{R}$에 대하여, 두 함수의 곱의 부정적분

$$\int f(x)G(x)\,dx$$

을 구하는 방법을 생각해 보자. 만약 피적분함수 $f(x)G(x)$가 복잡하여 이에 대한 부정적분을 직접 계산하기 힘들지만 부정적분

$$\int F(x)g(x)\,dx$$

는 계산이 가능하면 다음의 방법으로 원래의 부정적분을 구할 수 있다.

정리 7.10: 부정적분에 대한 부분적분법

함수 $f\colon I \to \mathbb{R}$와 $G\colon I \to \mathbb{R}$에 대하여, f의 원시함수 F가 존재하고 G가 미분가능하고 $g = G'$이면

$$\int f(x)G(x)\,dx = F(x)G(x) - \int F(x)g(x)\,dx$$

이다.

증명. 함수 f의 원시함수 F가 존재하고 G가 미분가능하며 $g = G'$라고 가정하자. 그러면

$$(F(x)G(x))' = f(x)G(x) + F(x)g(x)$$

이므로

$$f(x)G(x) = (F(x)G(x))' - F(x)g(x)$$

이다. 위의 식의 양변을 부정적분하면

$$\begin{aligned}\int f(x)G(x)\,dx &= \int (F(x)G(x))'\,dx - \int F(x)g(x)\,dx\\ &= F(x)G(x) - \int F(x)g(x)\,dx\end{aligned}$$

이다. □

예제 7.11. 부정적분

$$\int (3x+2)(x+2)^5\,dx$$

를 구하여라.

풀이. $f(x) = 3x + 2$와 $g'(x) = (x+2)^5$라 두고 부분적분법을 이용하자.

$$f'(x) = 3, \quad g(x) = \frac{(x+2)^6}{6}$$

이므로

$$\int (3x+2)(x+2)^5\, dx = (3x+2)\frac{(x+2)^6}{6} - \int 3\frac{(x+2)^6}{6}\, dx$$

이다. 그런데

$$\int (x+2)^6\, dx = \frac{(x+2)^7}{7} + c$$

이므로

$$\int (3x+2)(x+2)^5\, dx = \frac{(3x+2)(x+2)^6}{6} - \frac{(x+2)^7}{14} + c$$

이다. □

정적분에 대한 부분적분법은 다음과 같이 정리할 수 있다.

정리 7.11: 정적분에 대한 부분적분법

미분가능한 함수 $f\colon [a,b] \to \mathbb{R}$와 $g\colon [a,b] \to \mathbb{R}$에 대하여,

$$\int_a^b (f(x)\cdot g'(x))\ dx = [f(x)g(x)]_a^b - \int_a^b f'(x)\cdot g(x)\, dx$$

이다.

증명. 함수 f와 g의 곱 $h(x) = f(x)\cdot g(x)$에 대하여,

$$h'(x) = f'(x)\cdot g(x) + f(x)\cdot g'(x)$$

이므로

$$\begin{aligned}\int_a^b (f(x)\cdot g'(x))\ dx &= \int_a^b h'(x)\, dx - \int_a^b f'(x)\cdot g(x)\, dx \\ &= [h(x)]_a^b - \int_a^b f'(x)\cdot g(x)\, dx \\ &= [f(x)g(x)]_a^b - \int_a^b f'(x)\cdot g(x)\, dx\end{aligned}$$

이다. □

일반적으로

(가) F의 도함수가 간단한 함수이거나,

(나) g의 원시함수가 간단한 경우에,

두 함수 F와 g의 곱 $F \cdot g$의 적분을 부분적분법으로 구하는 경우가 많다. 즉, 기존의 함수 $F \cdot g$의 적분을 좀 더 간단한 함수인 $f \cdot G$의 적분을 이용하여 구하는 것이다.

예제 7.12. 정적분

$$\int_a^b x \ln x \, dx$$

를 구하여라.

풀이. 부분적분법을 적용하기 위하여

$$F(x) = \ln x, \quad g(x) = x$$

로 놓으면

$$f(x) = F'(x) = \frac{1}{x}, \quad G(x) = \frac{1}{2}x^2$$

이다. 따라서 부분적분법에 따라서

$$\begin{aligned}
\int_a^b x \ln x \, dx &= \int_a^b F(x) \cdot g(x) \, dx \\
&= G(b) \cdot F(b) - G(a) \cdot F(a) - \int_a^b G(x) \cdot f(x) \, dx \\
&= \frac{1}{2}b^2 \cdot \ln b - \frac{1}{2}a^2 \cdot \ln a - \int_a^b \frac{1}{2}x^2 \frac{1}{x} \, dx \\
&= \frac{1}{2}b^2 \cdot \ln b - \frac{1}{2}a^2 \cdot \ln a - \frac{1}{4}(b^2 - a^2)
\end{aligned}$$

이다. □

예제 7.13. 정적분

$$\int_0^2 x^2 \cdot e^x \, dx$$

를 구하여라.

풀이. 부분적분법을 적용하기 위하여,

$$F(x) = x^2, \quad g(x) = e^x$$

로 놓으면

$$f(x) = 2x, \quad G(x) = e^x$$

이다. 따라서 부분적분법에 따라서

$$\begin{aligned}\int_0^2 x^2 \cdot e^x \, dx &= \int_0^2 F(x) \cdot g(x) \, dx \\ &= F(2) \cdot G(2) - F(0) \cdot G(0) - \int_0^2 f(x) \cdot G(x) \, dx \\ &= 4e^2 - \int_0^2 2x \cdot e^x \, dx\end{aligned}$$

이다. 여기서 부분적분법을 이용하여

$$\int_0^2 2x \cdot e^x \, dx$$

를 구하기 위하여

$$F_1(x) = 2x, \quad g_1(x) = e^x$$

로 놓으면

$$f_1(x) = 2, \quad G_1(x) = e^x$$

이므로

$$\int_0^2 2x \cdot e^x \, dx = [2xe^x]_0^2 - \int_0^2 2e^x \, dx = 4e^2 - 2(e^2 - 1)$$

이다. 따라서

$$\int_0^2 x^2 \cdot e^x \, dx = 2(e^2 - 1)$$

이다. □

7.2.3 이상적분

여기까지, 유한인 닫힌 구간 $[a, b]$에서의 연속인 함수들의 정적분

$$\int_a^b f(x) \, dx$$

을 다루었다. 여기서는 무한 구간 또는 닫힌 구간이 아닌 구간에서의 함수의 정적분을 다룬다.

구간 $[a, \infty) = \{x \in \mathbb{R} : a \leq x\}$에서 연속인 함수 f의 정적분을 **이상적분**

$$\int_a^\infty f(x)\,dx := \lim_{t\to\infty} \int_a^t f(x)\,dx$$

로 정의한다. 오른쪽 항의 극한이 존재하면 이 이상적분은 **수렴한다**고 하고 오른쪽 항의 극한이 존재하지 않으면 이 이상적분은 **발산한다**고 한다.

구간 $(-\infty, b] = \{x \in \mathbb{R} : x \leq b\}$에서 연속인 함수 f의 정적분을 **이상적분**

$$\int_{-\infty}^b f(x)\,dx := \lim_{t\to-\infty} \int_t^b f(x)\,dx$$

로 정의한다. 오른쪽 항의 극한이 존재하면 이 이상적분은 **수렴한다**고 하고 오른쪽 항의 극한이 존재하지 않으면 이 이상적분은 **발산한다**고 한다.

함수 f가 실수 전체에서 연속이면, 이상적분 $\int_{-\infty}^\infty f(x)\,dx$을

$$\int_{-\infty}^\infty f(x)\,dx := \int_{-\infty}^0 f(x)\,dx + \int_0^\infty f(x)\,dx$$

로 정의한다.

예제 7.14. 이상적분

$$\int_0^\infty e^{-x}\,dx$$

을 계산하여라.

풀이. 이상적분의 정의에 따라서

$$\int_0^\infty e^{-x}\,dx = \lim_{t\to\infty} \int_0^t e^{-x}\,dx = \lim_{t\to\infty} \left(-e^{-t} + 1\right) = 1$$

이다. □

예제 7.15. 이상적분

$$\int_1^\infty \frac{1}{x^2}\,dx$$

을 계산하여라.

풀이. 이상적분의 정의에 따라서

$$\int_1^\infty \frac{1}{x^2}\,dx = \lim_{t\to\infty}\int_1^t \frac{1}{x^2}\,dx = \lim_{t\to\infty}\left(-\frac{1}{t}+1\right) = 1$$

이다. □

예제 7.16. 이상적분

$$\int_1^\infty \frac{1}{x}\,dx$$

을 계산하여라.

풀이. 이상적분의 정의에 따라서

$$\int_1^\infty \frac{1}{x}\,dx = \lim_{t\to\infty}\int_1^t \frac{1}{x}\,dx = \lim_{t\to\infty}\ln t = \infty$$

이다. □

예제 7.17. 양수 p에 대하여, 이상적분

$$\int_1^\infty \frac{1}{x^p}\,dx$$

이 $1 < p$이면 수렴하고 $p \le 1$이면 발산함을 보여라.

풀이. $p = 1$일 때는 앞의 예제에서 이미 보였으므로 여기서는 $p \neq 1$라고 가정하자. 그러면

$$\begin{aligned}\int_1^\infty \frac{1}{x^p}\,dx &= \lim_{t\to\infty}\int_1^t \frac{1}{x^p}\,dx \\ &= \lim_{t\to\infty}\left[\frac{x^{-p+1}}{-p+1}\right]_1^t = \lim_{t\to\infty}\left[\frac{t^{-p+1}-1}{-p+1}\right] \\ &= \begin{cases}\dfrac{1}{p-1} & (p > 1\text{일 때}), \\ \infty & (p < 1\text{일 때})\end{cases}\end{aligned}$$

이다. □

구간 $[a,b)$에서 연속함수 f의 정적분을 이상적분

$$\int_a^b f(x)\,dx := \lim_{t\to b-}\int_a^t f(x)\,dx$$

로 정의한다. 여기서 $t \to b-$는 t가 b에 접근하는데, 수직선에서 보면 b의 왼쪽에서 b로 접근한다는 것이다. 위의 오른쪽 항의 극한이 존재하면 이 이상적분은 **수렴한다**고 하고, 오른쪽 항의 극한이 존재하지 않으면 이 이상적분은 **발산한다**고 한다.

구간 $(a,b]$에서 연속함수 f의 정적분을 이상적분

$$\int_a^b f(x)\,dx := \lim_{t\to a+}\int_t^b f(x)\,dx$$

로 정의한다. 여기서 $t \to a+$는 t가 a에 접근하는데, 수직선에서 보면 a의 오른쪽에서 a에 접근한다는 것이다. 위의 오른쪽 항의 극한이 존재하면 이 이상적분은 **수렴한다**고 하고, 오른쪽 항의 극한이 존재하지 않으면 이 이상적분은 **발산한다**고 한다.

연속함수 $f\colon (a,b) \to \mathbb{R}$에 대하여, 이상적분 $\int_a^b\,dx$을

$$\int_a^b f(x)\,dx := \lim_{t\to a+}\int_t^b f(x)\,dx$$

로 정의한다.

예제 7.18. 이상적분

$$\int_0^1 \frac{1}{\sqrt{1-x}}\,dx$$

을 계산하여라.

풀이. 이상적분의 정의에 따라서

$$\begin{aligned}\int_0^1 \frac{1}{\sqrt{1-x}}\,dx &= \lim_{t\to 1-}\int_0^t \frac{1}{\sqrt{1-x}}\,dx = \lim_{t\to 1-}[-2\sqrt{1-x}]_0^t \\ &= \lim_{t\to 1-}[-2\sqrt{1-t}+2] = 2\end{aligned}$$

이다. □

연습문제 7.2

1. 다음 부정적분을 구하여라

(가) $\displaystyle\int \left(x+\frac{1}{x}\right)^2 dx,$ (나) $\displaystyle\int \frac{(\sqrt{x}-2)^2}{x}\, dx,$

(다) $\displaystyle\int (e^{3x}-\sqrt{x})\, dx,$ (라) $\displaystyle\int x^3 \ln x\, dx.$

2. 다음 부정적분을 계산하여라.

(가) $\displaystyle\int x(x^2-1)^3\, dx,$ (나) $\displaystyle\int x^2\sqrt{1+x^3}\, dx,$

(다) $\displaystyle\int (\sec^2 x + 2^x)\, dx,$ (라) $\displaystyle\int \sin x \cos^2 x\, dx.$

3. 다음 정적분을 계산하여라.

(가) $\displaystyle\int_0^2 (1+4x^2+x^9)(8x+9x^8)\, dx,$ (나) $\displaystyle\int_0^1 3x^2\sqrt{4-x^3}\, dx,$

(다) $\displaystyle\int_{-2}^2 5x^3(x^4-2)^2\, dx,$ (라) $\displaystyle\int_0^{\pi/2} \sin^3 x \cos x\, dx.$

4. 다음 정적분을 계산하여라.

(가) $\displaystyle\int_{-1}^1 x\ln(x+2)\, dx,$ (나) $\displaystyle\int_0^2 x\, 3^x\, dx.$

참고문헌

[1] Tom M. Apostol, Mathematical Analysis, Addison-Wesley Publishing Company, 1974.

[2] 네이버(www.naver.com)의 지식백과 중 수학백과.

[3] 수학교재연구회 지음, 기본수학, 경문사, 2010.

찾아보기

대학기초수학

지은이 이선홍
펴낸이 조경희
펴낸곳 경문사
펴낸날 2020년 12월 1일 1판 1쇄
2023년 1월 31일 1판 2쇄
등 록 1979년 11월 9일 제1979-000023호
주 소 04057, 서울특별시 마포구 와우산로 174
전 화 (02)332-2004 팩스 (02)336-5193
이메일 kyungmoon@kyungmoon.com

값 15,000원

ISBN 979-11-6073-423-2